机械行业职业教育优质系列教材（高职高专）

Linux 操作系统应用项目化教程

主　编　邱建新

副主编　栗青生　杨俊成

参　编　张云岗　鲁华栋

U0191312

机械工业出版社

本书以 Red Hat Linux Enterprise 5 的社区版本 CentOS 5.4 为例，从实用的角度来讲解 Linux 的系统管理与网络应用技术。在内容安排上，本书以项目为载体，划分任务来完成 Linux 操作系统的知识点学习，内容由浅入深、先易后难，以实例结合图片讲解每一个操作过程。

　　全书依知识点划分为 10 个项目，每个项目下划分若干任务，任务之间相对独立，项目之间的内容前后衔接。主要内容包括：认识 Linux 操作系统、学习 VMware Workstation、Linux 的基本操作、学习 Linux 的常用命令、学习 VI 操作、学习 Linux 的 shell、Linux 下的用户管理、Linux 下的进程与作业管理、Linux 下的存储管理及 Linux 下的网络管理。

　　本书可作为高等职业院校计算机网络专业及相关专业的教材，也可作为 Linux 应用技术的培训教程和自学用书。

　　为方便教学，本书配备电子课件等教学资源。凡选用本书作为教材的教师均可登录机械工业出版社教育服务网 www.cmpedu.com 免费下载。如有问题请致信 cmpgaozhi@ sina. com，或致电 010 - 88379375 联系营销人员。

图书在版编目（CIP）数据

Linux 操作系统应用项目化教程 / 邱建新主编. —北京：机械工业出版社，2015. 12（2020. 1 重印）

机械行业职业教育优质系列教材. 高职高专

ISBN 978 - 7 - 111 - 51916 - 4

Ⅰ. ①L⋯　Ⅱ. ①邱⋯　Ⅲ. ①Linux 操作系统-高等职业教育-教材　Ⅳ. ①TP316. 89

中国版本图书馆 CIP 数据核字（2015）第 250670 号

机械工业出版社（北京市百万庄大街 22 号　邮政编码 100037）
策划编辑：刘子峰　　责任编辑：刘子峰
责任校对：陈立辉　　封面设计：鞠　杨
责任印制：张　博
三河市宏达印刷有限公司印刷
2020 年 1 月第 1 版·第 4 次印刷
184mm×260mm·13. 5 印张·332 千字
4 001—5 000 册
标准书号：ISBN 978 - 7 - 111 - 51916 - 4
定价：36. 00 元

电话服务　　　　　　　网络服务
客服电话：010-88361066　机　工　官　网：www.cmpbook.com
　　　　　010-88379833　机　工　官　博：weibo.com/cmp1952
　　　　　010-68326294　金　书　网：www.golden-book.com
封底无防伪标均为盗版　机工教育服务网：www.cmpedu.com

前　言

作为开源操作系统的代表，Linux 以其卓越的网络性能，在互联网领域获得了越来越广泛的应用。但 Linux 操作系统知识点庞杂、交错，不易掌握，以不同 Linux 发行版本为基础的教材也有多种，内容侧重各有不同。本书以成熟的 Red Hat Linux Enterprise 5 的社区版本 CentOS 5.4 为基础，从编者自身多年的教学和实践经验出发，按照循序渐进、由浅入深的教学规律编写而成，内容通俗易懂，操作切实可行，以满足广大读者的需要。

本书共分 10 个项目，每个项目划分若干任务，内容涵盖 Linux 基础知识、命令操作、文件管理、硬盘管理、服务器架设等。在内容安排上，本书最大限度地符合读者的认识学习规律，精选例题和案例，深入细致地描述了操作全过程。

本书由邱建新（河南工业职业技术学院）任主编，栗青生（安阳师范学院）、杨俊成（河南工业职业技术学院）任副主编。编写分工如下：项目 1、项目 2、项目 4 和项目 10 由邱建新编写，项目 3 由栗青生编写，项目 5、项目 6 由杨俊成编写，项目 7、项目 8 由张云岗（河南工业职业技术学院）编写，项目 9 由鲁华栋（河南工业职业技术学院）编写。

本书在编写过程中参考了大量的相关技术资料，吸取了许多同仁的宝贵经验，在此深表感谢。

由于作者水平有限，书中不足之处在所难免，恳请广大读者提出宝贵意见。

编　者

目　　录

项目 1　认识 Linux 操作系统

任务 1　Linux 操作系统基础

1.1　操作系统的作用

计算机软件分为系统软件和应用软件两大类，系统软件用于管理计算机和应用程序，应用软件是为满足用户特定需求而设计的软件。操作系统是最基本的系统软件，控制和管理计算机系统内的各种硬件和软件资源，合理、有效地组织计算机系统的工作，为用户提供一个使用方便、可扩展的工作环境，从而起到连接计算机和用户的接口作用。在计算机的发展过程中，出现过许多不同种类的操作系统，如 DOS、Windows、Linux、UNIX 等。操作系统在计算机系统中的层次位置如图 1-1 所示。

图 1-1　操作系统的层次位置

1.2　Linux 操作系统的发展

1. UNIX 操作系统

UNIX 是最早出现的操作系统之一，是 Linux 诞生的基础。UNIX 系统是一个多任务、多用户的操作系统，用 C 语言写成，具有强大的可移植性。其网络功能强大，是 Internet 上各种服务器首选的操作系统。

2. 不同类型的软件

在软件市场上，按付费类型的不同，可将软件划分为商业软件、共享软件、开源软件和免费软件。

商业软件：被作为商品进行交易的软件。

共享软件：有使用次数、使用时间、使用用户数量的限制，用户可以通过注册来解除限制，并且先使用后付费。

免费软件：软件开发商向用户免费发放的软件产品。

开源软件：软件发布时公开源代码，并且附带了旨在确保将某些权利授予用户的许可证。

3. Linux 操作系统的出现

Linux 操作系统是一种开源软件，它出现于 1991 年初。当时芬兰的赫尔辛基大学的学生 Linus Torvalds，由于对 UNIX 操作系统的浓烈兴趣，尝试将 Minix 系统（UNIX 分支）移

植到个人计算机（x86 架构）。他利用 UNIX 的核心，去除较为繁复的核心程序，将它改写
成适用于一般个人计算机的 x86 系统，并且放到网络上面供大
家下载，到 1994 年推出完整的核心 Version 1.0。在众多热心
者的努力下，Linux 逐渐成为一个稳定可靠、功能完善的操作
系统，其使用日益广泛，促进了 Linux 操作系统的流行。

　　Linux 正式核心 1.0 发表的时候，Linus Torvalds 想到小时
候去动物园被一只企鹅追打，就以企鹅作为 Linux 的吉祥物，
如图 1-2 所示。

**图 1-2　Linus Torvalds
和 Linux 吉祥物**

1.3　Linux 与其他操作系统的区别

　　Linux 是 UNIX 克隆或类 UNIX 风格的操作系统，在源代码上兼容绝大部分 UNIX 标
准，是一个支持多用户、多进程、多线程的操作系统，其实时性较好，功能强大而稳定，
也是目前运行硬件平台最多的操作系统。

　　Linux 和 UNIX 的最大的区别是，前者是开放源代码的自由软件，而后者是对源代码
实行知识产权保护的传统商业软件。

　　Linux 和 Windows 的区别是，后者是商业软件，且源代码不公开，但目前 Windows 的图
形操作界面一定程度上超越了 Linux 的图形操作界面，Linux 的优势则体现在网络领域。

1.4　Linux 操作系统的主要特点

　　1．自由软件

　　Linux 是 UNIX 系统的一个克隆，继承了 UNIX 可靠、稳定和强大的网络功能。作为自
由软件的代表，Linux 开放源代码并对外免费提供，使用者可以按照自己的需要自由修改、
复制和发布程序。

　　2．极强的跨硬件平台性能和多任务、多用户操作

　　Linux 能运行在便携式计算机、PC、工作站甚至巨型机上，而且几乎能在所有主要
CPU 芯片搭建的体系结构上运行。Linux 充分利用了 x86 CPU 的任务切换机制，实现了真
正多任务、多用户环境，允许多个用户同时执行不同的程序。

　　3．强大的网络功能

　　Linux 内置 TCP/IP 作为默认的网络通信协议，继承了 UNIX 网络功能强大的优点。
Linux 内置了许多服务器软件，如 Apache（WWW 服务器）、Sendmail（邮件服务器）、
VSFTPD（FTP 服务器）等，用户可以直接利用 Linux 来搭建全方位的网络服务器。

1.5　Linux 操作系统的应用前景

　　Linux 的不断发展，使得用户越来越多，许多知名企业和大学都是 Linux 的忠实用户。
Linux 的应用前景主要包括以下几个方面：

1. 网络服务器领域

Linux 是开源操作系统的代表，其使用廉价、灵活及具有的 UNIX 背景使得它更适合于网络服务。在被用作网络服务器的操作系统应用中，不但有传统的以 Linux 为基础的"LAMP（Linux、Apache、MySQL、Perl/PHP/Python）"经典技术组合，而且在面向更大规模级别的领域中，如数据库中的 Oracle、DB2、PostgreSQL，以及用于 Apache 的 Tomcat JSP 等都已经在 Linux 上有了很好的应用样本。

2. 嵌入式 Linux 系统

随着消费家电的智能化，嵌入式 Linux 更显重要，它用在一些特定的专用设备上，通常这些设备的硬件资源（如处理器、存储器等）非常有限，并且对成本很敏感，但对实时响应要求很高。像常见的手机、PDA（Personal Digital Assistant，掌上电脑）、电子字典、可视电话、机顶盒、高清电视、游戏机、智能玩具、交换机、路由器等都是典型的使用嵌入式 Linux 系统的设备。

任务2 了解 Linux 的发行版本

2.1 Linux 的版本组成

Linux 的版本可以分为内核版本和发行版本。Linux 内核版本完成操作系统最基本的功能，发行版本是在内核版本的基础上，包装应用程序、系统设置和管理工具以及具有发行商特色的内容。一个内核版本可有多个发行版本。

Linux 内核的版本号命名是有一定规则的，版本号的格式通常为"主版本号．次版本号．修正号"。主版本号和次版本号标志着重要的功能变动，修正号表示较小的功能变更。例如，版本 2.6.12，其中 2 代表主版本号，6 代表次版本号，12 代表修正号。此外，次版本号还有特定的意义：如果是偶数，就表示该内核是一个可以放心使用的稳定版；如果是奇数，则表示该内核加入了某些测试的新功能，是一个内部可能存在着 BUG 的测试版。

CentOS 5.4 使用的内核版本是 2.6.18，截至 2014 年 12 月，Linux 的最新版本号为 3.18.1，可参考网址 http://www.kernel.org。

2.2 不同的 Linux 发行版本

仅有内核而没有应用软件的操作系统是无法使用的，所以许多公司或团体将 Linux 的内核、源代码及相关的应用程序组织、构成一个完整的操作系统，让一般的用户可以简便地安装和使用，这就是所谓的发行版本（Distribution），一般谈论的 Linux 系统便是针对这些发行版本。

网站 DistroWatch（http://www.distrowatch.com）收集 Linux 发行版信息并实时更新统计，如图 1-3 所示。

图 1-3　DistroWatch 网站

常见的 Linux 发行版本见表 1-1。

表 1-1　主要的 Linux 发行版本

商　标		说　明
	版本简介	Red Hat 是全球最流行的 Linux 操作系统，已经成为 Linux 的代名词，它曾被权威计算机杂志 InfoWorld 评为最佳 Linux，以小红帽为标志
	最新产品	2014 年 6 月，Red Hat Enterprise7 上市
	官方网址	http://www. redhat. com
	版本简介	Ubuntu 是一个由社区开发的，基于 GNU/Debian Linux，适用于便携式计算机、台式计算机和服务器
	最新产品	Ubuntu 最新版本为 Ubuntu 14. 10，在 2014 年 10 发布
	官方网址	http://www. ubuntu. com
	版本简介	Debian 最早由 Ian Murdock 于 1993 年创建，可以算是迄今为止，最遵循 GNU 规范的 Linux 系统
	最新产品	Debian 最新的稳定版版本是 7. 6，更新于 2014 年 7 月
	官方网址	http://www. debian. com
	版本简介	德国最著名的 Linux 发行版，于 2003 年末被 Novell 收购
	最新产品	2014 年 10 月发布的 SUSE Linux Enterprise 12
	官方网址	http://www. suse. com
	版本简介	CentOS（社区企业操作系统，Community Enterprise Operating System），发行与 Red Hat Enterprise 基本同步
	最新产品	2014 年 6 月发行的 CentOS 版本 7
	官方网址	http://www. centos. org

2.3 不同 Linux 发行版本的获取

1. 直接访问官方站点

例如获取 CentOS 镜像，访问官方站点 http://www.centos.org，单击"GET CENTOS"下载链接，选择需要的版本类型，如图 1-4 所示。

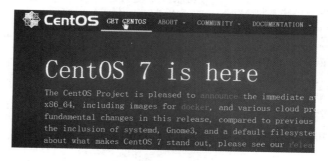

图 1-4 CentOS 下载链接

根据弹出的页面提示选择相应的下载站点即可下载该发行版本的 DVD 镜像，如图 1-5 所示。

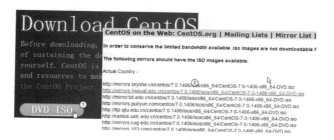

图 1-5 下载 DVD 镜像

2. 访问 http://www.distrowatch.com 网站

在页面顶部的检索框中选择"CentOS"，单击"确定"按钮，打开页面，如图 1-6 所示。

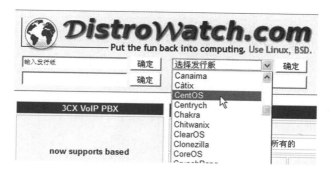

图 1-6 检索"CentOS"的信息页面

打开的链接页面，是 CentOS 操作系统的概要介绍，页面下方是各版本 ISO 文件的下载链接，选择某一种版本的 ISO，单击链接，再选择下载站点，即可进行文件下载，如图 1-7 所示。

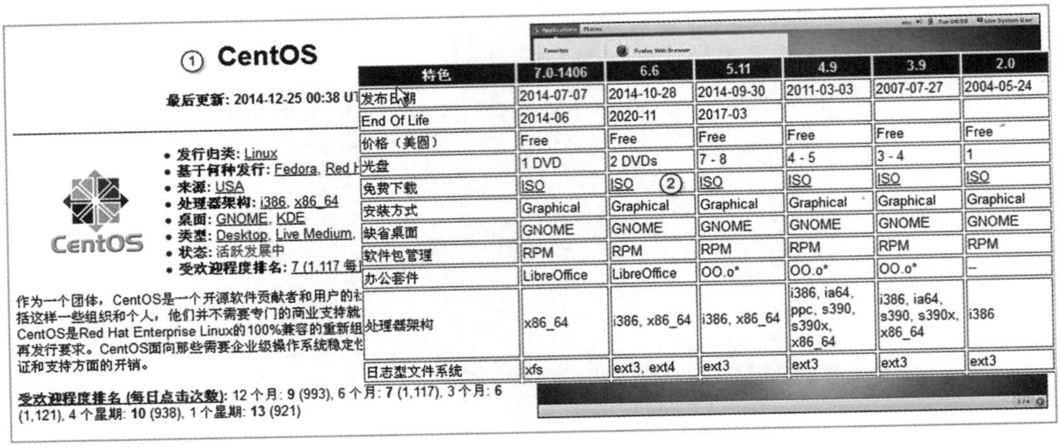
① CentOS
最后更新: 2014-12-25 00:38
• 发行归类: Linux
• 来源: USA
• 处理器架构: i386, x86_64
• 桌面: GNOME, KDE
• 类型: Desktop, Live Medium
• 状态: 活跃发展中
CentOS
特色 | 7.0-1406 | 6.6 | 5.11 | 4.9 | 3.9 | 2.0
发布日期 | 2014-07-07 | 2014-10-28 | 2014-09-30 | 2011-03-03 | 2007-07-27 | 2004-05-24
End Of Life | 2014-06 | 2020-11 | 2017-03
价格（美圆） | Free | Free | Free | Free | Free | Free
光盘 | 1 DVD | 2 DVDs | 7 - 8 | 4 - 5 | 3 - 4 | 1
免费下载 | ISO | ISO ② | ISO | ISO | ISO | ISO
安装方式 | Graphical | Graphical | Graphical | Graphical | Graphical | Graphical
缺省桌面 | GNOME | GNOME | GNOME | GNOME | GNOME | GNOME
软件包管理 | RPM | RPM | RPM | RPM | RPM | RPM
办公套件 | LibreOffice | LibreOffice | OO.o* | OO.o* | OO.o* | --
处理器架构 | x86_64 | i386, x86_64 | i386, x86_64 | i386, ia64, ppc, s390, s390x, x86_64 | i386, ia64, s390, s390x, x86_64 | i386
日志型文件系统 | xfs | ext3, ext4 | ext3 | ext3 | ext3 | ext3
受欢迎程度排名 (每日点击次数): 12 个月: 9 (993), 6 个月: 7 (1,117), 3 个月: 6 (1,121), 4 个星期: 10 (938), 1 个星期: 13 (921)

图 1-7　下载版本 ISO 选择

下载的软件镜像 ISO 文件刻录成 DVD 后，即可在 PC 的 DVD 驱动器中使用，也可以不经过刻录，使用虚拟机等工具直接运行 ISO 文件。

项目小结

Linux 是一个类 UNIX 操作系统的软件，最初由芬兰的 Linus Torvalds 开发。它是开源软件，使用者可以对其源代码复制、更改以适合自己的需要。它版本众多、发展迅速、网络功能强大，在嵌入式领域和网络服务领域应用广泛。

Linux 的版本分为内核版本和发行版本，其中内核版本是基础，发行版本是发行商加入自己特色的产品软件包装。内核版本更新速度比较快，获取新的内核后，需要在源系统中进行内核编译以支持更多的功能组件。Linux 操作系统发行版本获取渠道广，只需很小的代价就可以获取最新 Linux 发行版本的使用权。

项目 2 学习 VMware Workstation

任务 1 学习 VMware Workstation 的基本操作 ⊚

1.1 了解虚拟化与虚拟机

基于 x86 的计算机硬件是专为运行单个操作系统和单个应用程序而设计的，借助虚拟化，可以在单台物理计算机上运行多个虚拟机，每个虚拟机都可以在多个环境之间共享同一台物理机的资源。

虚拟机是一种高度隔离的软件容器，它可以运行自己的操作系统和应用程序。虚拟机的行为完全类似于一台物理计算机，它包含自己的虚拟 CPU、RAM、硬盘和网络接口卡。操作系统无法分辨虚拟机与物理机之间的差异，应用程序和网络中的其他计算机也无法分辨。即使是虚拟机本身也认为自己是一台"真正"的计算机。不过，虚拟机完全由软件组成，不含任何硬件组件，其架构如图 2-1 所示。

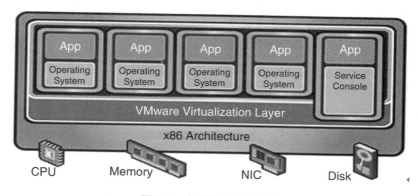

图 2-1 虚拟机原理及架构

虚拟机具有以下特点。

1）兼容性：虚拟机与所有标准的 x86 操作系统、应用程序和设备驱动程序完全兼容，可以使用虚拟机来运行在 x86 物理计算机上运行的所有相同软件。

2）隔离：虽然多个虚拟机可以共享一台计算机的物理资源，但彼此之间保持完全隔离状态，就像它们是不同的物理计算机一样。

3）封装：虚拟机将一整套虚拟硬件资源与操作系统及其所有应用程序捆绑或"封装"在一个软件包内。像移动和复制任何其他软件文件一样，用户可以将虚拟机从一个位置移动和复制到另一位置。

1.2 VMware Workstation 的介绍及安装

虚拟机软件是一个应用软件，安装虚拟机软件后，用户可以利用虚拟机软件安装虚拟操作系统。常用的虚拟机软件有以下几种。

（1） VMware Workstation

VMware 是全球著名的软件公司，其产品涵盖 VMware Workstation、VMware Player、VMware Server 等，其中 VMware Workstation 广为应用。

（2） Microsoft Virtual PC

Virtual PC 是微软开发的虚拟机软件，其界面简单、管理方便、运行比较稳定，主要支持微软的操作系统。

VMware Workstation 是一个商业软件，其最新版本为 VMware Workstation 11，用户可在其官方网站下载试用。

访问 VMware 的官方网站 （http://www.vmware.com） 或其他软件共享站点获得 VMware Workstation 虚拟机软件，其安装过程与安装一般应用程序相似，安装后需要重新启动计算机，使安装配置生效。本书以 VMware Workstation 6.5 为例，安装后在桌面上生成 VMware Workstation 应用程序图标 （见图 2-2a） 并添加两个虚拟网络接口 （见图 2-2b），由于它是商业软件，使用时需要输入注册号码。

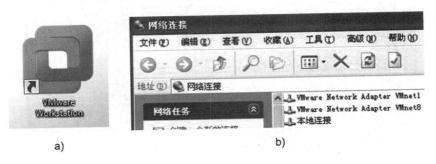

a)　　　　　　　　　　b)

图 2-2　安装后的 VMware Workstation

1.3 VMware Workstation 的界面与操作按钮

1. VMware Workstation 界面

启动 VMware Workstation 后，软件界面如图 2-3 所示，中间的一大块区域称为控制窗口。图中所标数字说明如下。

① 菜单栏：VMware Workstation 应用程序的菜单，包含了所有 VMware Workstation 的操作命令。

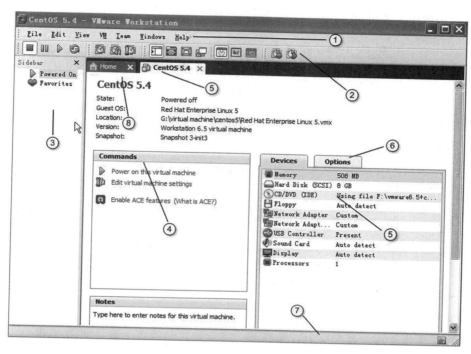

图 2-3   VMware Workstation 6.5 界面介绍

② 工具栏：VMware Workstation 中常用的工具按钮，如启动、停止、重新启动虚拟机、快照操作等。

③ 边栏：在"Powered On"中显示打开的虚拟机名称，在"Favorites"中显示 VMware Workstation 中安装的虚拟机。

④ Commands 窗口：用于启动虚拟机和编辑虚拟机的硬件设置信息。

⑤ 虚拟操作系统（如 CentOS 5.4）选项卡：开机状态下，单击该选项卡，则在控制窗口中显示此虚拟操作系统的界面。

⑥ Options 选项设置：当前虚拟机的高级设置部分。

⑦ 状态栏：显示虚拟机的一些硬件信息及系统中的一些其他提示。如一个虚拟机在运行时，在状态栏右下角显示这个虚拟机的硬盘、网卡、光驱等界面，如图 2-4 所示。在图 2-4 中双击某一个图标（如光驱、网卡），即可对这个硬件进行相应的配置。

图 2-4   状态栏图标

⑧ Home 选项卡：新建虚拟机/工作组，常用的操作是启动新建虚拟机向导。

2. 工具栏介绍

工具栏定义常用命令的执行按钮，运行一个虚拟机操作系统后，VMware Workstation

工具栏上显示如图 2-5 所示。

图 2-5　VMware Workstation 6. 5 的工具栏

工具栏上常用按钮说明如下。

（1）开关按钮组（见表 2-1）

表 2-1　开关按钮组

图　　标	名　　称	功　　能
■	Power off This Virtual Machine	关闭虚拟机，相当于关闭电源
▯▯	Suspend This Virtual Machine	挂起、暂停虚拟机的运行
▷	Power on This Virtual Machine	运行虚拟机，相当于打开电源
⟳	Reset This Virtual Machine	重启虚拟机，相当于热启动

操作提示：

改变虚拟操作系统的硬件设置，要在关闭虚拟操作系统的条件下进行，相当于关闭电源，对现有的物理主机增加硬件。

（2）快照按钮组（见表 2-2）

表 2-2　快照按钮组

图　　标	名　　称	功　　能
🗓	Take Snapshot of Virtual Machine	为当前虚拟机状态建立拍照
🗓	Revert Virtual Machine	恢复虚拟机当前状态的父快照
🗓	Manage Snapshots	管理虚拟机快照

操作提示：

虚拟机的"快照"功能就是在所需要的状态对虚拟操作系统"照相"，以备随时恢复。

如果在操作时建立了多个快照，每个快照保存了系统的一个状态，用户可以使用快照管理窗口，选择其中的一个快照进行恢复。

1.4　虚拟机的克隆操作

利用 VMware Workstation，可以安装很多虚拟操作系统，如 Linux、Windows 等，每个虚拟操作系统都等同于一台"真实"的计算机。但操作系统安装费时，在批量部署不同角色的计算机时，如有的虚拟机配置成某种网络服务器，有的虚拟机配置成另外一些服务器或测试机器，并不能采用每一台虚拟机都重新安装的方式。VMware Workstation 提供了简单方便的虚拟机克隆操作。

　　VMware Workstation 的界面中，在安装后的虚拟机（此处为 CentOS 5.4）名称处右击，弹出快捷菜单，选择"Clone"（克隆）命令，打开克隆虚拟机向导，如图 2-6 所示。

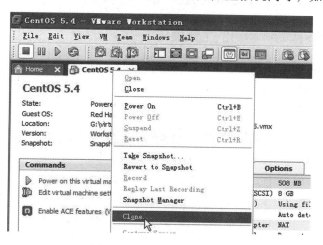

图 2-6　选择"Clone"命令

　　在克隆虚拟机向导中，依次选择"The current state in the virtual machine"（虚拟机的当前状态）→"Create a linked clone"（创建一个链接克隆）→"Virtual machine name"（为虚拟机命名），单击"完成"按钮，就克隆了一台虚拟机，如图 2-7 所示。

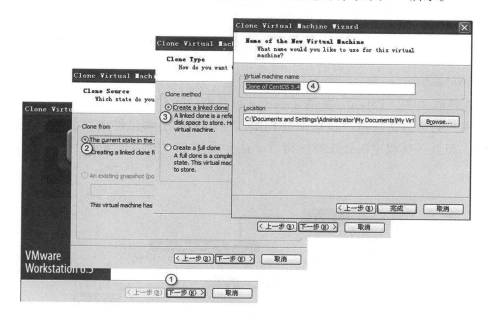

图 2-7　克隆虚拟机

　　这里的克隆方式一般选择链接克隆，相当于创建一个快捷方式，比完全克隆更快速。注意克隆操作需要在关闭虚拟机的情况下才能进行。

任务 2　学习 VMware Workstation 的网络功能

2.1　VMware Workstation 网络的工作模式

VMware Workstation 6.5 提供了四种网络工作模式，分别是 Bridged（桥接）、NAT（网络地址转换）、Host-only（仅主机）和 Custom（自定义）。在配置虚拟机操作系统的网卡连接方式时，需要正确设置，如图 2-8 所示。

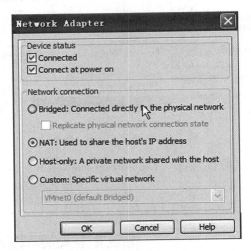

图 2-8　虚拟机网络设置

1. Bridged

在这种模式下，VMware Workstation 虚拟出来的操作系统就像是局域网中一台独立的主机，它可以访问网内任何一台机器。用户需要手动配置虚拟机的 IP 地址、子网掩码，而且还要和主机处于同一网段，这样虚拟机才能和主机进行通信，如图 2-9 所示。

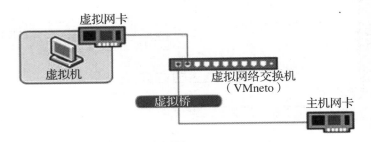

图 2-9　Bridged 模式

2. NAT

NAT 模式就是通过主机所提供的 NAT 功能，使虚拟机访问外网。NAT 模式下虚拟系统的 TCP/IP 配置信息由 VMnet8 虚拟网络的 DHCP 服务器提供（见图 2-10），在虚拟机的 TCP/IP 参数中使 IP 地址采用自动分配即可。

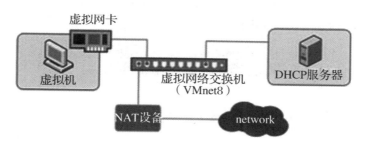

图 2-10　NAT 模式

3. Host-only

在这种模式下，所有的虚拟机系统可以相互通信，虚拟机和主机也可以通信，但虚拟系统和真实的网络是被隔离开的，不能访问互联网，如图 2-11 所示。

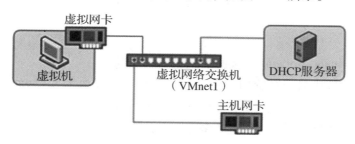

图 2-11　Host-only 模式

4. Custom

自定义虚拟操作系统的每一个网卡所连接的虚拟交换机，用于创建特定类型的网络连接。

2.2　VMware Workstation 提供的虚拟网络设备

VMware Workstation 提供了很多虚拟网络设备，用户利用这些设备，可以组建典型及复杂的自定义网络。

1. Summary

选择 VMware Workstation 菜单栏的"Edit"→"Virtual Network Editor"命令，打开如图 2-12 所示窗口。

在"Summary"选项卡中显示 VMware Workstation 网络设置的汇总，典型的默认设置有"VMnet0"（桥接）、"VMnet1"（仅主机模式）和"VMnet8"（NAT）。图 2-12 中显示了每一个网卡所生效的 IP 网段及 DHCP 功能已生效。

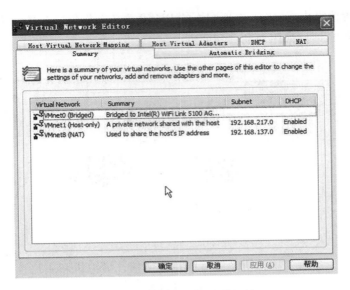

图 2-12 虚拟机网络设置汇总

2. Automatic Bridging

切换至"Automatic Bridging"选项卡，如图 2-13 所示。

桥接就是让虚拟机操作系统的网卡与主机连在一个交换机（VMnet0）上，当虚拟机操作系统有多个网卡时，用户可以选择让哪一个网卡和主机桥接，也可以让系统自动选择用于桥接的网卡。如果虚拟操作系统有多个网卡，为保证网络的连通性，需要正确设置自动桥接哪一个网卡，或手动选择桥接的网卡。

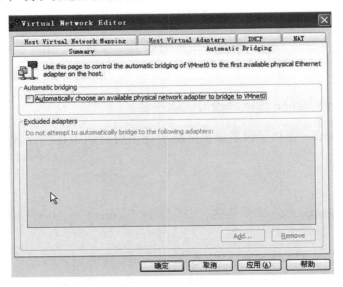

图 2-13 自动桥接设置

3. NAT

切换至"NAT"选项卡，如图 2-14 所示。

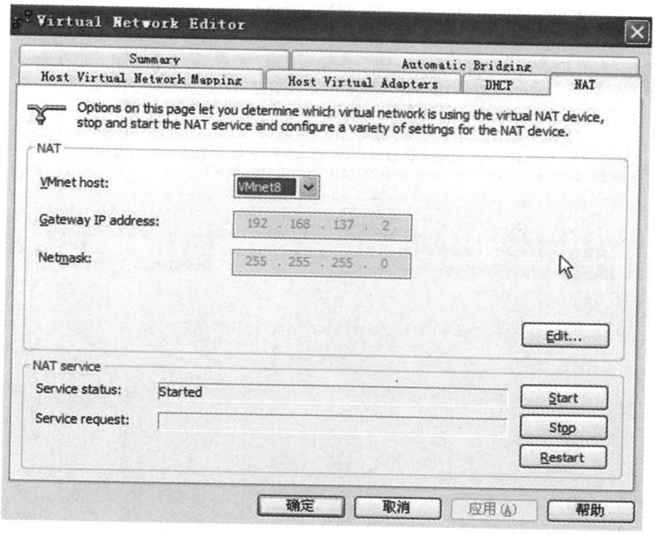

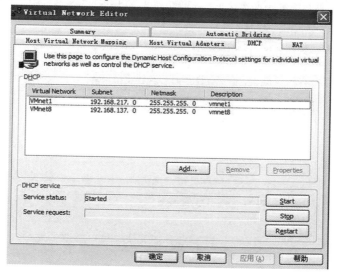

图 2-14　NAT 网络设置

图 2-14 中显示了 NAT 所使用的网络连接为"VMnet8"及 DHCP 的 IP 地址分配范围，以及对 NAT 服务的 Start 和 Stop。

4. DHCP

切换至"DHCP"选项卡，如图 2-15 所示。

图 2-15 中显示提供 DHCP 服务的两个网段，VMnet1 和 VMnet8 所在的子网和子网掩码，以及 DHCP 服务的 Start 和 Stop。

图 2-15　DHCP 设置

5．Host Virtual Adapters

图 2-16 所示的 "Host Virtual Adapters" 选项卡中显示了 VMware Workstation 安装后，在主机上增加的两块虚拟网卡（VMnet1 和 VMnet8）。

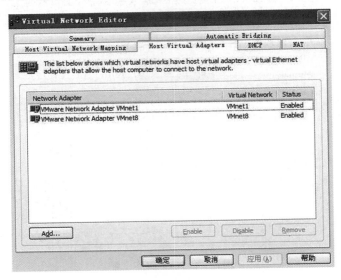

图 2-16　主机虚拟适配器设置

6．Host Virtual Network Mapping

图 2-17 所示的 "Host Virtual Network Mapping" 选项卡中显示了 VMware Workstation 6.5 所提供的 10 台虚拟交换机（VMnet0～VMnet9），其中 VMnet0 默认桥接，VMnet1 使用 Host-only 模式，VMnet8 使用 NAT 模式。

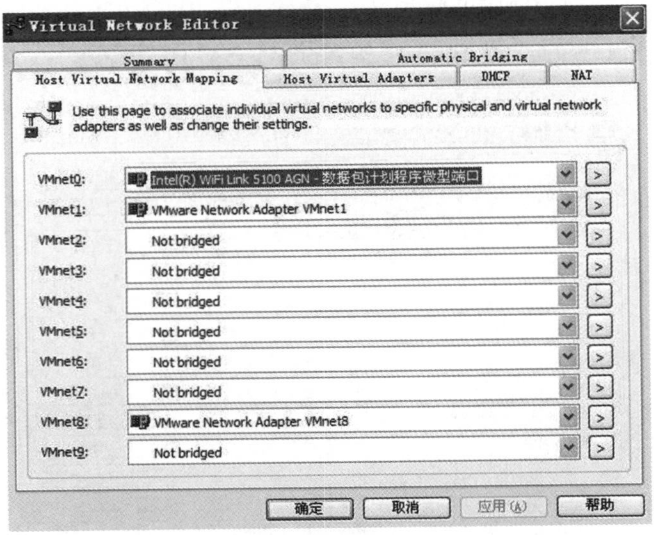

图 2-17　主机虚拟网络映射

项目小结

VMware Workstation 是一种使用广泛的虚拟机软件，它运行于 Linux 和 Windows 平台上，使用简单、方便，功能强大，可用于模拟比较复杂的网络。

VMware Workstation 虚拟机软件的安装类似于常用的网络软件，在安装后需要重新启动计算机以使配置生效，安装后会在主机系统中生成两个虚拟的网络设备 VMnet1 和 VMnet8，用于提供 DHCP 地址分配服务。

熟练使用虚拟机操作系统的前提是熟练使用虚拟机软件 VMware Workstation，掌握 VMware Workstation 的常用操作，特别是虚拟机操作系统的新建、快照、硬件设置和网络设置以及虚拟机的克隆操作。

掌握 VMware Workstation 网络的 4 种工作模式的区别及使用环境，在安装虚拟机操作系统时正确选择网络的连接模式是保证网络服务正确配置的前提。

项目3　Linux 的基本操作

任务1　用 VMware Workstation 安装 CentOS 5.4

1. 新建 CentOS 5.4 虚拟机环境

1）在 VMware Workstation 6.5 界面中，选择"File"→"New"→"Virtual Machine"命令，或在控制台窗口的"Home"选项卡中单击"New Virtual Machine"（新建虚拟机）选项，启动新建虚拟机向导，如图 3-1 所示。

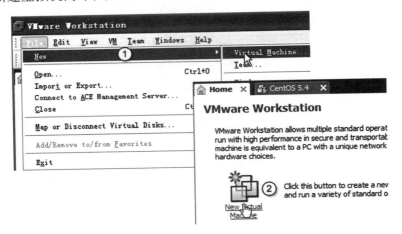

图 3-1　启动新建虚拟机向导

2）在"Welcome to the New Virtual Machine Wizard"（欢迎新建虚拟机向导）界面中选中"Typical（recommended）"（典型（推荐））单选按钮，单击"Next"（下一步）按钮，如图3-2所示。

图 3-2　选择典型安装

3）在"Guest Operating System Installation"（客户机操作系统安装）界面中，选中"I will install the operating system later"（我要以后安装操作系统）单选按钮，单击"Next"按钮，如图3-3所示。

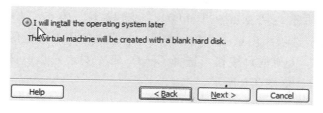

图3-3 选择以及安装虚拟机操作系统

4）在"Select a Guest Operating System"（选择客户机操作系统类型）界面中，选择要创建的虚拟机操作系统类型，这里选择"Linux"操作系统，在版本中选择"Red Hat Enterprise Linux 5"，如图3-4所示，设置完毕后单击"Next"按钮。

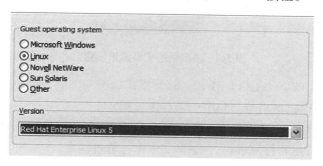

图3-4 选择虚拟机操作系统类型

5）在"Name the Virtual Machine"（命名新建的虚拟机）界面中，为新建的虚拟机命名（如 CentOS 5.4）并且选择它的保存路径，设置完毕后单击"Next"按钮。

6）选择虚拟机所需硬盘的大小，按默认选项，如图3-5所示。

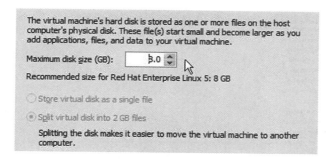

图3-5 虚拟机所占硬盘空间设置

7）单击"Finish"按钮，完成虚拟机环境的创建。

2. 安装 CentOS 5.4 虚拟操作系统

1）在 Vmware Workstation 的控制窗口中选择创建的"CentOS 5.4"，设置其使用的 ISO 镜像。选择菜单栏中的"VM"→"Setting"命令，打开"Virtual Machine Settings"（虚拟机设置）对话框，切换至"Hardware"选项卡，单击"CD/DVD"选项，在"Connection"（连接）选项组内选中"Use ISO image"（使用 ISO 镜像）单选按钮，然后单击右侧的"Browse"（浏览）按钮，选择 CentOS 5.4 安装光盘镜像文件（ISO 格式），单击"OK"按钮保存，如图 3-6 所示。

图 3-6　虚拟机的安装镜像设置

2）单击工具栏上的 ▷（运行）按钮，打开虚拟机的电源，在虚拟机工作窗口中单击，进入虚拟机，退出虚拟机窗口按〈Ctrl + Alt〉组合键。

3）出现 CentOS 5.4 的安装界面，直接按〈Enter〉键进入下一步。

4）出现安装介质是否检测界面，选择"SKIP"跳过检查。

5）选择安装过程中的显示语言类型，如图 3-7 所示。

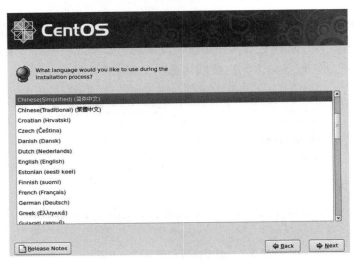

图 3-7　选择安装过程中的语言

6）在选择键盘类型时，选择"美国英语式"，单击"下一步"按钮。

7）出现"警告"对话框时，单击"是"按钮以初始化硬盘，如图 3-8 所示。

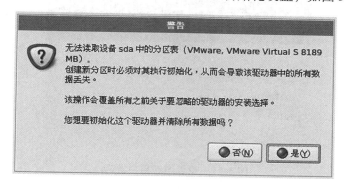

图 3-8　硬盘数据清除警告对话框

8）出现是否清除分区数据对话框，单击"是"按钮清除所有的数据以及移除所有的 Linux 分区布置选项，单击"下一步"按钮，在出现的"警告"对话框中单击"是"按钮，如图 3-9 所示。

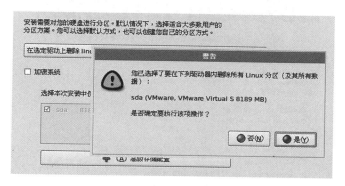

图 3-9　清除 Linux 硬盘分区设置选项

9）选择网络的默认设置，IP 地址采用 DHCP 自动分配，如图 3-10 所示，再单击"下一步"按钮。

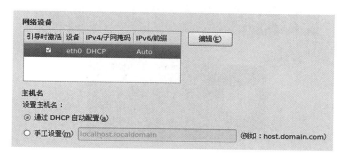

图 3-10　网络默认设置

10）选择时区设置为"亚洲—上海"，单击"下一步"按钮，设置超级用户（系统管理员）的密码，最少 6 个字符，如图 3-11 所示。

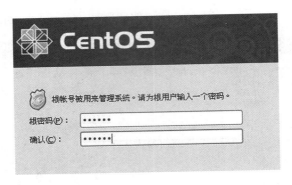

图 3-11　设置超级用户密码

11) 根据需要，选择安装的系统类型，如桌面应用、服务器等，选中下方的"现在定制"单选按钮可以详细选择安装需要的软件包，也可以在系统安装成功后利用"添加/删除程序"功能来增加/删除软件包，如图 3-12 所示。

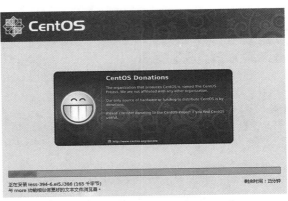

图 3-12　自定义安装软件包

12) 单击"下一步"按钮，检查软件依赖性，并进入到安装界面，如图 3-13 所示。

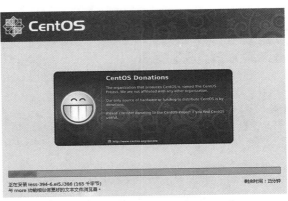

图 3-13　CentOS 5.4 安装软件包界面

13）CentOS 5.4 安装完成后，重新启动，如图 3-14 所示，启动过程还需要进行相关设置，第一次启动时间稍长。

图 3-14　系统启动过程

14）出现防火墙设置窗口，防火墙设置为"禁用"，SELinux 设置为"禁用"，如图 3-15 所示。

图 3-15　设置防火墙和 SELinux

15）根据提示设置虚拟机操作系统的日期、时间以及其他硬件，系统再一次重新启动。

16）以 root 身份登录系统，密码是图 3-11 中输入的密码，登录成功，显示 CentOS 5.4 的桌面（默认中文），如图 3-16 所示。

图 3-16　CentOS 5.4 的桌面

任务 2　CentOS 5.4 的启动与基本设置

2.1　CentOS 5.4 的启动与登录

虚拟机操作系统 CentOS 5.4 重新启动后，默认以图形方式供用户输入账户名称和密码以及设置其他一些桌面选项，如图 3-17 所示。

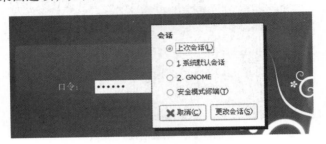

图 3-17　CentOS 5.4 的图形登录界面

用户在图形登录界面下选择登录后使用的语言、桌面及重新启动和关机等，输入正确的用户名及密码后，就可成功登录。

2.2　CentOS 5.4 的关机与重新启动

1. 图形模式下关机与重启

在图形模式下的关机操作类似于 Windows，选择 CentOS 5.4 菜单栏上的"系统"→"关机"命令（见图 3-18），即弹出关机或重启的对话框，选择一种操作即可。

图 3-18　在图形模式下关机

2. 文本模式下关机与重启

（1）shutdown 命令

shutdown 命令可以关闭所有程序、重新启动或关机，其使用如下（//后为注释）。

立即关机：-h 参数让系统立即关机。例如：

［root@ laoLinux root］#shutdown　-h　now　//要求系统立即关机

指定关机时间：time 参数可指定关机的时间或设置多久时间后运行 shutdown 命令。例如：

```
[root@ laoLinux root]#shutdown   now      // 立刻关机
[root@ laoLinux root]#shutdown   +5       // 5 分钟后关机
[root@ laoLinux root]#shutdown   10:30    // 在 10:30 时关机
```

关机后自动重启：－r 参数设置关机后重新启动。例如：

```
[root@ laoLinux root]#shutdown   －r   now      // 立刻关闭系统并重启
[root@ laoLinux root]#shutdown   －r   23:59    //指定在 23:59 时重启动
```

（2）halt、poweroff、reboot 命令

这三个命令类似，在执行时可无参数。例如：

```
[root@ laoLinux root]#reboot      //重新启动系统
[root@ laoLinux root]#poweroff    //关闭系统，关闭电源
[root@ laoLinux root]#halt        //关闭系统，不关闭电源
```

（3）init 命令

init 命令后跟 0～6 的数字作参数，可以改变系统的运行级别，其中运行级别 0 为关机，运行级别 6 为重新启动。例如：

```
[root@ laoLinux root]#init 0      //系统关机
[root@ laoLinux root]#init 6      //重新启动系统
```

任务3　学习 Linux 的图形操作界面

3.1　X Window 简介

　　X Window（注意 Window 不同于 Windows）系统是 Linux 的窗口系统，是一个基于网络的图形界面系统。X Window 是一种以位图方式显示的软件窗口系统，最初是 1984 年麻省理工学院的研究成果。1983 年之前称为 W-Window 系统的窗口系统是 X 的前身（在拉丁字母中，X 接在 W 后面）。

　　X Window 通过软件工具及架构协议来建立操作系统所用的图形用户界面，此后则逐渐扩展适用到各形各色的其他操作系统上，几乎所有的操作系统都能支持与使用 X Window，GNOME（The GNU Network Object Model Environment，GNU 网络对象模型环境）和 KDE（Kool Desktop Environment，K 桌面环境）也都是以 X Window 为基础建构成的。

3.2　GNOME 桌面的基本组成

　　GNOME 桌面环境是典型的 Linux 桌面环境，默认配置下的 GNOME 桌面主要包括 3 个部分：桌面快捷方式、面板图标和程序菜单（在中文环境下）。

　　1. 桌面快捷方式

　　桌面上有 4 个图标，分别是"计算机"（相当于 Windows 下的"我的电脑"）、"root

的主文件夹"（相当于 Windows 下的"我的文档"）、"回收站"以及光驱文件夹，如图 3-16 所示。

2. 面板图标

在 CentOS 5.4 的窗口顶部，有一长条区域是放置执行程序的快捷链接，称为面板，可以从这里启动应用程序，安装时所选择组件不同，面板上按钮的数量也有差别，如图 3-19 所示。

应用程序　位置　系统　　　　　　　　　　　　　　　　　　　　　21:15

图 3-19　GNOME 桌面面板

面板包括"应用程序""位置"和"系统"3 个菜单，以及"Web 浏览器""电子邮件""字处理器""演示文稿""电子表格"等按钮，其功能见表 3-1。

表 3-1　GNOME 桌面面板

名　称	功　能
应用程序	类似于 Windows 中的"开始"按钮
位置	选择目标文件位置，如主目录
系统	修改计算机设置及访问"帮助"系统
Web 浏览器	启动 Mozilla Firefox 浏览器
电子邮件	启动电子邮件程序
字处理器	类似于 Windows 的 Word 程序
演示文稿	类似于 Windows 的 PowerPoint 程序
电子表格	类似于 Windows 的 Excel 程序

3. 程序菜单

与 Windows 的"开始"菜单类似，在 CentOS 5.4 中，很多应用程序可以通过程序菜单来启动。

1）"应用程序"菜单。默认安装的 CentOS 5.4"应用程序"菜单中包括"Internet""图像""影音""系统工具"等几个命令。

2）"位置"菜单。在面板上的"位置"菜单中，用户可以快速访问主文件夹、桌面、计算机、其他网络服务器及最近的文档。

3）"系统"菜单。在面板上的"系统"菜单中包含"首选项"命令（类似于 Windows 下的"控制面板"）。

3.3　GNOME 的基本设置

1. 桌面首选项

GNOME 中的"桌面首选项"与 Windows 下的"控制面板"类似。用户可以通过"系统"→"首选项"命令来访问指定的某个配置项目，或在终端窗口中输入"gnomecontrol-center"命令打开配置窗口，如图 3-20 所示。

图 3-20　GNOME 的"桌面首选项"窗口

"桌面首选项"中部分按钮的功能见表 3-2。

表 3-2　"桌面首选项"中部分按钮的功能

名　称	功　能
桌面背景	设置桌面背景
屏幕保护程序	设置屏幕保护系统
屏幕分辨率	设置屏幕分辨率
鼠标	设置鼠标的属性
菜单和工具栏	设置菜单和工具栏
远程桌面	设置远程桌面
主题	主题首选项，设置桌面主题
可移动驱动器和介质	可移动存储设备的设置
字体	设置各应用程序的字体和渲染

2. 面板的配置

GNOME 桌面有上、下两个面板，上面板中有各种应用程序和其他工具的快捷方式。用户可以根据自己的需求来添加/删除快捷方式，如图 3-21 所示。

图 3-21　添加/删除面板图标

（1）添加快捷方式

右击面板空白处，选择"添加到面板"命令，打开项目添加窗口，然后根据自己的需要添加快捷方式。

（2）调整面板各快捷方式的属性

右击相应的图标，选择"属性"命令，打开属性设置窗口。

（3）删除快捷方式

右击相应的图标，选择"删除该面板"命令即可。

3．退出 GNOME

选择"系统"→"注销"命令即可注销当前用户。如果想彻底退出 GNOME 环境，则可以通过以下方式来完成。

（1）退出 X Window

在 GNOME 环境中，同时按下〈Ctrl + Alt + Backspace〉组合键，就可以退出 GNOME。如果系统默认是以图形界面方式启动的，则该操作只重新启动 X Window。

（2）改变运行级别

在/etc/inittab 文件中对默认的运行级别进行设置，使系统启动时进入文本操作模式。

4．改变桌面背景

右击桌面空白处，选择"更改桌面背景"命令，在出现如图 3-22 所示的对话框中设置桌面背景的相关选项。

图 3-22 选择桌面背景

3.4 在 GNOME 环境下配置网络

单击"系统"→"管理"→"网络"命令，出现如图 3-23 所示的窗口，在不同的选项卡中，可对虚拟机的 IP 地址和子网掩码、DNS 服务器、Hosts 名字解析、IPsec 通道进行配置。

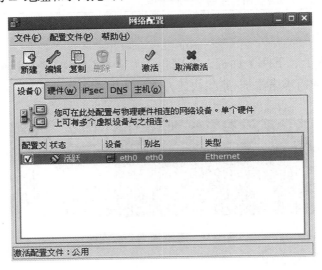

图 3-23 CentOS 5.4 网络参数的配置

设备窗口中显示了系统能够识别的网络设备的名称、类型与状态。双击可对设备配置进行编辑，配置完成后，用户可以用"激活""取消激活"按钮来启动、停止网络功能。

任务 4 学习 Linux 的文件系统

文件是具有名字的一组相关信息的有序集合，存放在外部存储器中。文件的名称称为文件名，它是文件的标识。文件系统是操作系统的一个重要组成部分，它负责管理系统中的文件，为用户提供使用文件的操作接口。

4.1 Linux 文件系统的基本概念

1. 不同于 Windows 的硬盘分区标识

在 Linux 操作系统中，没有了 Windows 操作系统中的 C、D、E 盘等概念，不能用打开某一个盘符再在其目录下寻找文件的方式来定位文件，这是 Linux 和 Windows 操作习惯不同的典型体现。文件系统的组织方式也和 Windows 不同，但它仍采用分区的方式来存储文件，所有不同分区的数据共同构成一个唯一的目录树。

2. 单树状目录结构

Linux 系统中用户能看到的文件空间是单树状结构，如图 3-24 所示。该树的根在顶部，称为根目录（root），常表示为"/"。文件空间中的各种目录和文件从树根向下分支，这些目录并不一定是存放在同一个硬盘中，它们可能被存放在不同的分区、不同的硬盘甚至不同的计算机中。

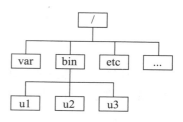

图 3-24 Linux 文件系统示意图

4.2 Linux 文件系统的常用目录

Linux 文件系统采用树状目录结构，即只有一个根目录，其中含有下级子目录或文件；子目录中又可以包含更多的子目录或者文件，这样一层一层地延伸下去，构成一棵倒置的树。在目录树中，根节点和中间节点都必须是目录，而文件只能作为叶子节点出现，如图 3-25 所示。

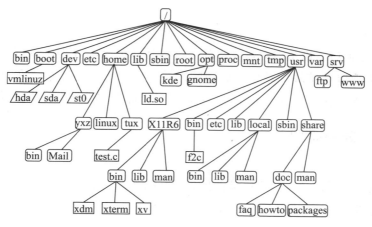

图 3-25 Linux 的树状目录结构

Linux 系统中常用目录的具体功能见表 3-3。

表 3-3　Linux 系统各个子目录的内容

路　　径	主　要　内　容
/etc	系统相关的配置文件，比如开机启动选项等
/bin	大部分为必需的命令，可由普通用户使用
/dev	各类设备文件所在的目录，如光盘、U 盘、硬盘等
/home	用户的主目录，用户的数据通常都保存在这个目录中
/root	引导系统的必备文件，文件系统的装载信息以及系统修复工具和备份工具等
/usr	通常操作中不需要进行修改的命令程序文件、程序库、手册和其他文档等
/var	经常变化的文件，例如：打印机、邮件、新闻等的假脱机目录，日志文件，格式化后的手册页以及临时文件等

4.3　Linux 中的文件分类

在 Linux 系统中将文件分为四种类型，并且采用不同的颜色来标识每一类型的文件。

1. 普通文件

普通文件也称为常规文件，包括：① 文本文件，这类文件通常以灰白色显示；② 可执行的二进制文件，这类文件通常可以被执行，在系统中以绿色显示。

2. 目录文件

目录文件一般简称目录，包含其他文件和目录，在系统中通常显示为蓝色。

3. 链接文件

这类文件仅是一个实质文件的快捷方式，使用 ls 命令来查看时，链接文件的标志用字母 l 开头，而文件后面以 "→" 指向所连接的文件，系统中的此类文件显示为浅蓝色。

4. 设备文件

Linux 系统中的所有设备都被看成文件，设备文件可以细分为块设备文件和字符设备文件。前者的存取以字符块为单位，后者则以单个字符为单位，常放在/dev 目录内。例如，用/dev/fd0 表示软盘，用/dev/had 等表示硬盘，此类文件在系统中显示为黑底黄字。

4.4　文件的一般命名原则

建议如下：

1）文件名应尽量简单，用户应该选择有意义的文件名来反映出文件内容。

2）不应包含| ＜ ＞ ′ " ' ＄ ！% ＆ ＊ ？\ （ ）［ ］等，这样的字符容易被系统误识别。

3）同类文件应使用同样的扩展名，以便于识别。

4）系统区分文件名的大小写。例如，名为 letter 的文件与名为 Letter 的文件不是同一个文件。

5）以圆点（.）开头的文件名是隐含文件，默认方式下使用 ls 命令并不能把它们在屏幕上显示出来。

4.5 文件名通配符

通配符是一个符号代表多个其他字符。

1）星号（＊）：与 0 个或多个任意字符相匹配，如 file＊可以匹配到 file123、fileabc 或 file 等文件。

2）问号（?）：只与一个任意的字符匹配，如 file? 可以与 file1、file2、file3 等文件匹配，但不与 file、file10 匹配。

3）方括号（［ ］）：只与方括号中字符之一匹配，如 file［1－4］只与文件 file1、file2、file3 或 file4 匹配，file［！1234］不能与 file1、file2、file3 和 file4 这 4 个文件匹配。

任务5 学习简单的操作命令

进入 CentOS 5.4 操作系统后，用户主要通过终端窗口完成命令操作，本任务学习一些基本的操作命令。在图形界面上右击，打开快捷菜单，选择终端，打开终端窗口，如图 3-26 所示。

图 3-26 打开终端窗口

进入终端窗口时，系统命令行下的提示信息一般格式如下：

［ 用户名 ＠ 主机名 当前目录 ］# 操作命令

图 3-26 中表示用户名为"root"，主机名为"localhost"，当前目录是" ～ "（用户主目录）或"/root"。在 Linux 系统中，root 为超级用户，其在系统下的提示符为"#"，如果为普通用户，其在系统下的提示符为" $ "，使用命令 su 可实现二者之间的切换。

命令可用于改变工作目录和显示目录内容，如下所示。

1. 显示当前用户的身份

Linux 是一个多用户的操作系统，登录进系统后，用户可以用 who 命令显示用户的登录名称。

【例3-1】用 who 命令显示当前登录的用户。

```
[root@ localhost  ~ ]# who
root        :0              2015 − 01 − 05 14:12
root        pts/1           2015 − 01 − 05 14:13（:0.0）
[root@ localhost  ~ ]# whoami
root                                //显示当前登录的用户为 root
```

2. pwd 命令

Linux 的目录结构比较复杂，不同目录有不同的作用，在终端窗口操作时，要时时清楚自己处于哪一个目录下，显示用户当前所处的目录可以使用不带参数的 pwd 命令。

【例3-2】显示当前的工作目录。

```
[root@ localhost  ~ ]# pwd           //具体的目录显示以当前进入的目录为准
/root
[root@ localhost  ~ ]# cd /etc
[root@ localhost etc ]# pwd
/etc
[root@ localhost etc ]# cd   /etc/sysconfig
[root@ localhost sysconfig ]# pwd
/etc/sysconfig
```

3. ls 命令

进入一个目录后，首先需要查看当前目录下的文件，这和进入一个房间后首先环顾四周是一样的道理。ls 命令用于显示指定目录下所包含的文件和子目录信息。当没有指定具体的目录时，显示当前目录下的文件和子目录信息。命令格式如下：

```
ls [ options ] filename/dirname
```

其中，options 表示命令选项，filename/dirname 表示操作的目录或文件名。

【例3-3】列出当前目录下的信息。

```
[root@ localhost  ~ ]# pwd
/root
[root@ localhost  ~ ]# ls
anaconda − ks. cfg    install. log          VMwareTools − 7. 8. 4 − 126130. tar. gz
Desktop              install. log. syslog    vmware − tools − distrib
```

ls 命令列出的文件不包含隐藏文件，在 Linux 系统中，隐藏文件是以 "." 开头的文件。

【例 3-4】列出当前目录下的所有文件，包括隐藏文件。

```
[root@ localhost ~]# ls  -a
.                        . eggcups              install. log. syslog
. .                      . esd_auth             . metacity
anaconda - ks. cfg       . gconf                . nautilus
. bash_history           . gconfd               . redhat
. bash_logout            . gnome                . scim
. bash_profile           . gnome2               . tcshrc
. bashrc                 . gnome2_private       . thumbnails
. chewing                . gstreamer - 0. 10    . Trash
. cshrc                  . gtkrc - 1. 2 - gnome2  VMwareTools - 7. 8. 4 - 126130. tar. gz
Desktop                  . ICEauthority        vmware - tools - distrib
. dmrc                   install. log           . xsession - errors
```

在默认情况下，ls 命令只列出当前目录下的文件，如果列出其他目录下的文件，需要指定其他目录的名称。

【例 3-5】在当前目录下列出/etc 目录下的所有文件。

```
[root@ localhost ~]# ls /etc
a2ps. cfg                          motd
a2ps - site. cfg                   mtab
acpi                               mtools. conf
adjtime                            multipath. conf
alchemist                          Muttrc
aliases                            Muttrc. local          //其他显示文件省略
```

使用文件通配符可以列出特定需要的文件。

【例 3-6】列出当前工作目录下所有名称以 a 打头的文件。

```
[root@ localhost ~]# ls
anaconda - ks. cfg    install. log        VMwareTools - 7. 8. 4 - 126130. tar. gz
Desktop               install. log. syslog  vmware - tools - distrib
[root@ localhost ~]# ls a *
anaconda - ks. cfg
```

4. cd 命令

有时需要到不同的目录中寻找不同的文件，cd 命令可用来切换不同的工作目录，命令格式如下：

```
cd dirName
```

其中，dirName 代表要进入的工作目录名称。

【例 3-7】使用 cd 命令进入到根目录。

```
[root@ localhost ~]# cd /
[root@ localhost /]# ls
bin    dev   home   lost+found   misc   net   proc   sbin    srv   tmp   var
boot   etc   lib   media         mnt   opt   root   selinux   sys   usr
```

进入到根目录之后，可以使用 ls 命令显示所有的目录名称。

【例 3-8】选择一个需要的目录进入，如/etc/sysconfig。

```
[root@ localhost /]# cd   /etc/sysconfig
[root@ localhost sysconfig]# pwd
/etc/sysconfig
```

以下为一些 cd 命令的常用操作。

【例 3-9】cd 命令的常用用法。

```
[root@ localhost usr]# cd /usr/bin        //跳到/usr/bin 目录
[root@ localhost bin]# pwd                //显示当前目录
/usr/bin
[root@ localhost bin]# cd .                //进入当前目录,类似于无操作
[root@ localhost bin]# pwd                //显示当前目录
/usr/bin
[root@ localhost bin]# cd ..               //进入到上级目录
[root@ localhost usr]# pwd
/usr
```

“～”指用户的主目录，由于 Linux 是一个多用户的系统，因此为了避免用户的文件交叉，每个用户都有自己的目录，称为主目录；“.”表示目前所在的目录；“..”表示当前目录位置的上一层目录。

5. init 命令

init 命令是一个系统初始化命令，命令格式如下：

```
init   运行级别数字
```

init 命令后跟 0～6 的数字作参数，可以改变系统的运行级别，其中运行级别 0 为关机，运行级别 6 为重新启动。

【例 3-10】系统的关机与重新启动。

```
[root@ localhost bin]#init 0        //系统关机
[root@ localhost bin]#init 6        //重新启动系统
```

━━━━ 项目小结 ━━━━

　　VMware Workstation 是一个虚拟机软件，用户可以利用它来安装虚拟操作系统，安装时需要先新建虚拟机，然后再设置虚拟机安装时使用的 ISO 镜像，最后运行虚拟操作系统完成安装，其安装步骤及选择与在物理机上安装相同。

　　GNOME 是 Linux 的图形桌面 X Window 的主要桌面环境，中文界面的桌面操作类似于 Windows，基本操作主要是面板的添加/删除、系统菜单的使用、开关机和首选项的调整。学习 X Window，首先要学会系统的开、关机与重新启动，登录与退出。

　　Linux 是一个多用户的操作系统，为了避免不同的用户相互交叉，每一个用户有自己的主目录。用户在不同的目录之间转换时，要时时清楚自己所处的位置，利用 pwd 命令、cd 命令和 ls 命令可以简单地实现不同目录之间的浏览。

项目4 学习 Linux 的常用命令

掌握常用的操作命令是学习 Linux 的基础。

任务1 命令操作的基本知识 ◎

1.1 命令的基本格式

在 Linux 下输入命令时,只有输入格式正确,才能够让 shell 解释执行,如果命令格式不正确,系统会返回出错信息。

在 Linux 中,命令的基本格式:

命令名 [-选项] [--选项] [参数1] [参数2]

例如:

#cp -R /etc/ * /root

其中各项的含义如下。

1) 命令名:终端提示符下执行一个命令的具体名称,如 cp(复制命令)。

2) -选项:表示以符号"-"开始的选项,一般符号"-"后跟一个字符,如 cp 命令的参数-R。

3) --选项:表示以符号"--"开始的选项,一般符号"--"后跟一个单词,如 --list 等。

4) 参数:命令的操作对象,有些命令需要一个参数,有些命令需要两个参数,如上述 cp 命令的参数,指出从/etc 目录下复制所有的文件到/root 目录下。

命令、选项、参数之间用空格分隔,如果相互之间没有分隔,系统会认为是一个部分而使命令解释出错。

1.2 相关命令的操作提示

熟练掌握 Linux 的命令操作技巧,可以提高输入速度和操作效率。

1) 命令自动补全。在输入命令或文件名时不需要输入完整的名称,只需要输入前面几个字母,按〈Tab〉键,系统就会自动补全。

```
[root@ localhost ~]# ls
anaconda - ks. cfg      install. log           VMwareTools - 7. 8. 4 - 126130. tar. gz
Desktop                 install. log. syslog   vmware - tools - distrib
[root@ localhost ~]# cd  vm              //按〈Tab〉键
```

例如，在命令的输入界面中输入"cd　vm"，然后按〈Tab〉键，文件名自动补全为 vmware-tools-distrib。

2）使用命令历史功能。用户最近输入的命令都保存在系统的一个文件中，使用〈↑〉和〈↓〉键可调出历史命令，加快输入的速度；另外，可使用历史命令 history 显示输入的历史命令，例如：

```
[root@ localhost ~]# history
    1   ls
    2   cd
    3   ls
    4   cd /dev
    5   ls
    6   gnome – control – center
```

每一个命令的前面有一个数字，如果要重复执行上面的某个命令，使用"！数字"就可实现，例如：

```
[root@ localhost ~]# ! 4
cd /dev
[root@ localhost dev]# pwd
/dev
```

3）复制与粘贴功能。使用鼠标拖动的方法选择文字区域，右击选择"复制"命令，就把当前选择的文字复制，再把鼠标移到目标位置，右击选择"粘贴"命令，即可把复制的文字粘贴到目标区域，如图 4-1 所示。

图 4-1　复制与粘贴操作

4）获取命令帮助。常用的命令选项容易记忆，有些命令有很多的选项，每个选项执行时都有不同的功能，在 Linux 下，使用 man 命令可获取外部命令的帮助，特别是命令的格式和选项，例如：

```
[root@ localhost ~]# man ls
Formatting page, please wait...
```

使用 help 命令可获取内部命令的帮助，例如：

```
[root@ localhost ~]# help logout
logout: logout
      Logout of a login shell.
```

关于内部命令和外部命令的区别，可以在终端执行 help 命令，列出的命令为 Linux 的内部命令：

```
[root@ bogon ~]# help                    //执行 help 命令
GNU bash, version 3. 2. 25(1) – release (i686 – redhat – linux – gnu)
These shell commands are defined internally.   Type 'help' to see this list.
Type 'help name' to find out more about the function 'name'.
Use 'info bash' to find out more about the shell in general.
Use 'man – k' or 'info' to find out more about commands not in this list.

A star ( * ) next to a name means that the command is disabled.

JOB_SPEC [&]                              (( expression ))
. filename [arguments]                    :
[arg...]                                  [[ expression ]]
alias [ –p] [name[ = value] ... ]         bg [job_spec ...]
bind [ –lpvsPVS] [ –m keymap] [ –f fi break [n]
builtin [shell – builtin [arg ...]]   caller [EXPR]
case WORD in [PATTERN [| PATTERN]. cd [ –L| –P] [dir]
command [ –pVv] command [arg ...]      compgen [ –abcdefgjksuv] [ –o option
complete [ –abcdefgjksuv] [ –pr] [ –o continue [n]
declare [ –afFirtx] [ –p] [name[ = val dirs [ –clpv] [ +N] [ –N]
disown [ –h] [ –ar] [jobspec ...]      echo [ –neE] [arg ...]
enable [ –pnds] [ –a] [ –f filename]   eval [arg ...]
exec [ –cl] [ –a name] file [redirec exit [n]
export [ –nf] [name[ = value] ...] or false
fc [ –e ename] [ –nlr] [first] [last fg [job_spec]
for NAME [in WORDS ... ;] do COMMA for (( exp1; exp2; exp3 )); do COM
function NAME { COMMANDS ; } or NA getopts optstring name [arg]
hash [ –lr] [ –p pathname] [ –dt] [na help [ –s] [pattern ...]
history [ –c] [ –d offset] [n] or hi if COMMANDS; then COMMANDS; [ elif
jobs [ –lnprs] [jobspec ...] or job kill [ –s sigspec | –n signum | –si
let arg [arg ...]                         local name[ = value] ...
logout                                    popd [ +N | –N] [ –n]
printf [ –v var] format [arguments] pushd [dir | +N | –N] [ –n]
pwd [ –LP]                                read [ –ers] [ –u fd] [ –t timeout] [
readonly [ –af] [name[ = value] ...]   return [n]
select NAME [in WORDS ... ;] do CO set [ –– abefhkmnptuvxBCHP] [ –o opti
shift [n]                                 shopt [ –pqsu] [ –o long – option] opt
source filename [arguments]            suspend [ –f]
```

```
test [expr]                               time [ - p] PIPELINE
times                                     trap [ - lp] [arg signal_spec …]
true                                      type [ - afptP] name [name …]
typeset [ - afFirtx] [ - p] name[ = valu  ulimit [ - SHacdfilmnpqstuvx] [limit
umask [ - p] [ - S] [mode]                unalias [ - a] name [name …]
unset [ - f] [ - v] [name …]              until COMMANDS; do COMMANDS; done
variables - Some variable names an        wait [n]
while COMMANDS; do COMMANDS; done   { COMMANDS ; }
```

5）绝对路径与相对路径。路径是用来描述一个文件在目录结构中的存放位置，以方便用户很快地找到此文件。在 Linux 中，绝对路径是以根目录"/"开始的路径，任何文件的绝对路径描述都是以根目录为参照点，相对路径则以当前所处的目录为参照点来描述目标文件位置。

任务 2 学习常用操作命令

2.1 文件显示的相关命令

1. cat 命令

该命令显示文件内容到标准输出设备上（终端屏幕或另一个文件中）。命令格式如下：

```
cat [options] filename
```

其中，options 是命令选项，filename 是要输出的文件名称。

【例 4-1】在/root 目录下输出 anaconda-ks. cfg 文件的内容。

```
[root@ localhost ~]# cd
[root@ localhost ~]# pwd                    //显示当前所在的目录
/root
[root@ localhost ~]# cat   anaconda - ks. cfg        //输入文件内容
# Kickstart file automatically generated by anaconda.


install
cdrom
lang zh_CN. UTF - 8
keyboard us
xconfig -- startxonboot
network -- device eth0 -- bootproto dhcp
rootpw -- iscrypted  $1 $ WavJalvG $ fgCPcNHLvoITkygHHe6j71
firewall -- enabled -- port = 22;tcp             //以下内容省略
```

【例 4-2】把 anaconda-ks. cfg 文件的内容导入文件 file 中。

```
[root@ localhost ~]# cat anaconda – ks. cfg > file        //使用" > "把文件内容导入 file
[root@ localhost ~]# cat file
# Kickstart file automatically generated by anaconda.

install
cdrom
lang zh_CN. UTF – 8
keyboard us
xconfig  – – startxonboot
network  – – device eth0  – – bootproto dhcp
rootpw  – – iscrypted  $ 1 $ WavJalvG $ fgCPcNHLvoITkygHHe6j71
firewall  – – enabled  – – port = 22 : tcp
```

【例 4-3】 把文件 text1、text2 的内容合并导入文件 text3。

```
[root@ localhost ~]# cat text1            //输出 text1 的内容
text1. file
[root@ localhost ~]# cat text2               //输出 text2 的内容
text2. file
[root@ localhost ~]# cat text1 text2 > text3    //将两个文件合并为 text3
[root@ localhost ~]# cat text3
text1. file
text2. file
```

2. more 命令和 less 命令

可以使用 more 和 less 命令分页显示文件。命令格式如下：

```
more filename
less filename
```

其中，filename 是要显示的文件名称。

使用 cat 命令显示文件内容时，一次完成，如果文件内容过长，用户则只能看到文件的最后一页；而用 more 命令时可以一页一页地显示。执行 more 命令后，进入 more 命令状态。

【例 4-4】 分页显示/root 目录下的 anaconda-ks. cfg 文件。

```
[root@ localhost ~]# cd
[root@ localhost ~]# ls
anaconda – ks. cfg    install. log. syslog   VMwareTools – 7. 8. 4 – 126130. tar. gz
Desktop              text1              vmware – tools – distrib
file                 text2
install. log         text3
[root@ localhost ~]# more anaconda – ks. cfg
# Kickstart file automatically generated by anaconda.

install
```

```
cdrom
lang zh_CN. UTF － 8
keyboard us
xconfig  －－ startxonboot
network  －－ device eth0  －－ bootproto dhcp
rootpw  －－ iscrypted  $ 1 $ WavJalvG $ fgCPcNHLvoITkygHHe6j71
#volgroup VolGroup00  －－ pesize = 32768 pv. 2
#logvol swap  －－ fstype swap  －－ name = LogVol01  －－ vgname = VolGroup00  －－ size = 1024  －－ gro
－－ More －－（63%）
```

此命令在该页的底部显示当前所示文件内容的百分比，按〈Enter〉键可以向后移动一行，按〈Space〉键可以向后移动一页，按〈q〉键可以退出。

less 命令实际上是 more 命令的功能增强，比 more 更灵活，带有翻页功能。例如，按〈Page Up〉键可以向前移动一页，按〈Page Down〉键可以向后移动一页，按〈↑〉方向键可以向前移动一行，按〈↓〉方向键可以向后移动一行。〈q〉键、〈Enter〉键、〈Space〉键的功能和 more 类似。

3. head 命令和 tail 命令

head 和 tail 命令显示一个文件的前几行或后几行，命令格式如下：

```
head    options    filename
tail    options    filename
```

其中，options 是命令选项，filename 是要显示的文件名称。

head 命令显示文件的前 num（命令选项）行，默认显示前 10 行。tail 命令和 head 命令相反，它显示文件的末尾 num（命令选项）行，默认显示末尾 10 行。

【例 4-5】在/root 目录下显示文件 anaconda-ks. cfg 的前 8 行和末尾 8 行。

```
［root@ localhost  ~ ]# cd
［root@ localhost  ~ ]# pwd
/root
［root@ localhost  ~ ]# ls
anaconda － ks. cfg    install. log                vmware － tools － distrib
Desktop               install. log. syslog
file                  VMwareTools － 7. 8. 4 － 126130. tar. gz
［root@ localhost  ~ ]# head  － n 8 anaconda － ks. cfg
# Kickstart file automatically generated by anaconda.

install
cdrom
lang zh_CN. UTF － 8
keyboard us
xconfig  －－ startxonboot
```

```
network －－ device eth0 －－ bootproto dhcp
［root@ localhost ～］# tail － n 8 anaconda － ks. cfg
@ base － x
keyutils
trousers
fipscheck
device － mapper － multipath
libsane － hpaio
vnc － server
xorg － x11 － server － Xnest
```

4. touch 命令

touch 命令用于更新文件的存取和修改时间，若指定的文件不存在，则自动创建一个空文件（大小为 0）。命令格式如下：

```
touch ［options］ filename
```

其中，options 是命令选项，filename 是要改变时间标志的目标文件。

【例 4-6】 把/root 目录下的所有文件的存取时间改为当前时间。

```
［root@ localhost ～］# cd
［root@ localhost ～］# pwd                    //切换到/root 目录
/root
［root@ localhost ～］# ls － l                 //长列表方式显示,该方式能够显示文件的时间信息
总计 97992
－ rw －－－－－－ 1 root root      1327 2015 － 01 － 05 anaconda － ks. cfg
drwxr － xr － x 2 root root   4096 2015 － 01 － 05 Desktop
－ rw － r －－ r －－ 1 root root    1327 01 － 05 15:32 file
－ rw － r －－ r －－ 1 root root   30245 2015 － 01 － 05 install. log        //改变前的文件存取时间
－ rw － r －－ r －－ 1 root root    5348 2015 － 01 － 05 install. log. syslog
－ r －－ r －－ r －－ 1 root root 100169388 2015 － 01 － 05 VMwareTools － 7. 8. 4 － 126130. tar. gz
drwxr － xr － x.7 root root    4096 2008 － 10 － 29 vmware － tools － distrib
［root@ localhost ～］# touch ∗
［root@ localhost ～］# ls － l
总计 97992
－ rw －－－－－－ 1 root root      1327 01 － 05 15:52 anaconda － ks. cfg
drwxr － xr － x 2 root root   4096 01 － 05 15:52 Desktop
－ rw － r －－ r －－ 1 root root    1327 01 － 05 15:52 file
－ rw － r －－ r －－ 1 root root   30245 01 － 05 15:52 install. log          //改变后的时间
－ rw － r －－ r －－ 1 root root    5348 01 － 05 15:52 install. log. syslog
－ r －－ r －－ r －－ 1 root root 100169388 01 － 05 15:52 VMwareTools － 7. 8. 4 － 126130. tar. gz
drwxr － xr － x 7 root root
```

【例 4-7】 接例 4-6，把文件 anaconda-ks. cfg 的存取和修改时间改为 2015 年 12 月 6 日。

```
〔root@ localhost  ~〕# touch  - d 20151206 anaconda - ks. cfg
〔root@ localhost  ~〕# ll
总计 97992
- rw - - - - - - - 1 root root          1327 2015 - 12 - 06 anaconda - ks. cfg     //注意时间已更改
drwxr - xr - x 2 root root           4096 01 - 05 15:52 Desktop
- rw - r - - r - - 1 root root          1327 01 - 05 15:52 file
- rw - r - - r - - 1 root root         30245 01 - 05 15:52 install. log
- rw - r - - r - - 1 root root          5348 01 - 05 15:52 install. log. syslog
- r - - r - - r - - 1 root root 100169388 01 - 05 15:52 VMwareTools - 7. 8. 4 - 126130. tar. gz
drwxr - xr - x 7 root root           4096 01 - 05 15:52 vmware - tools - distrib
```

【例 4-8】接例 4-7，把 text 的存取和修改时间改为当前系统的时间，如果 text 文件不存在，则生成一个空文件（即 0 字节的文件）。

```
〔root@ localhost  ~〕# ls  - l
总计 97992
- rw - - - - - - - 1 root root          1327 2015 - 12 - 06 anaconda - ks. cfg
drwxr - xr - x 2 root root           4096 01 - 05 15:52 Desktop
- rw - r - - r - - 1 root root          1327 01 - 05 15:52 file
- rw - r - - r - - 1 root root         30245 01 - 05 15:52 install. log
- rw - r - - r - - 1 root root          5348 01 - 05 15:52 install. log. syslog
- r - - r - - r - - 1 root root 100169388 01 - 05 15:52 VMwareTools - 7. 8. 4 - 126130. tar. gz
drwxr - xr - x 7 root root           4096 01 - 05 15:52 vmware - tools - distrib
〔root@ localhost  ~〕# touch text
〔root@ localhost  ~〕# ls  - l
总计 97992
- rw - - - - - - - 1 root root          1327 2015 - 12 - 06 anaconda - ks. cfg
drwxr - xr - x 2 root root           4096 01 - 05 15:52 Desktop
- rw - r - - r - - 1 root root          1327 01 - 05 15:52 file
- rw - r - - r - - 1 root root         30245 01 - 05 15:52 install. log
- rw - r - - r - - 1 root root          5348 01 - 05 15:52 install. log. syslog
- rw - r - - r - - 1 root root             0 01 - 05 15:58 text     //生成一个新文件，存取时间为当前时间
- r - - r - - r - - 1 root root 100169388 01 - 05 15:52 VMwareTools - 7. 8. 4 - 126130. tar. gz
drwxr - xr - x 7 root root           4096 01 - 05 15:52 vmware - tools - distrib
```

2.2　复制、删除和移动文件的命令

1. cp 命令

cp 命令用于将一个文件复制到另一文件。命令格式如下：

```
cp  〔options〕source dest
```

其中，options 是命令选项，source 是源文件，dest 是目标文件。cp 命令操作时，要指明从哪里复制、复制到哪里去，常用选项的说明如下。

- r：若 source 中含有目录，则将目录下的文件也复制至目的地。

－f：若目的地已经有相同文件名的文件存在，则在复制前先予以删除。

【例 4-9】在/root 目录下将已经存在的文件 anaconda-ks. cfg 复制，并命名为 bbb。

```
[root@ localhost ~]# cd
[root@ localhost ~]# pwd
/root
[root@ localhost ~]# ls
anaconda - ks. cfg    install. log         VMwareTools - 7. 8. 4 - 126130. tar. gz
Desktop          install. log. syslog  vmware - tools - distrib
file              text
[root@ localhost ~]# cp anaconda - ks. cfg bbb
[root@ localhost ~]# ls  - l
总计 97996
- rw -------- 1 root root  1327 2015 - 12 - 06 anaconda - ks. cfg
- rw -------- 1 root root  1327 01 - 05 16:01 bbb          //bbb 文件已复制,大小和源文件一样
drwxr - xr - x 2 root root      4096 01 - 05 15:52 Desktop
- rw - r -- r -- 1 root root  1327 01 - 05 15:52 file
- rw - r -- r -- 1 root root 30245 01 - 05 15:52 install. log
- rw - r -- r -- 1 root root  5348 01 - 05 15:52 install. log. syslog
- rw - r -- r -- 1 root root   0 01 - 05 15:58 text
- r -- r -- r -- 1 root root 100169388 01 - 05 15:52 VMwareTools - 7. 8. 4 - 126130. tar. gz
drwxr - xr - x 7 root root      4096 01 - 05 15:52 vmware - tools - distrib
```

【例 4-10】接例 4-9，将 anaconda-ks. cfg 复制到/etc 目录并显示。

```
[root@ localhost ~]# cp   anaconda - ks. cfg /etc
[root@ localhost ~]# ls  /etc/anaconda - ks. cfg
/etc/anaconda - ks. cfg
[root@ localhost ~]#
```

【例 4-11】将/etc 目录下的所有文件连同子目录一并复制到/root 目录下。

```
[root@ localhost ~]# cp  - R /etc/ * /root              //使用 R 选项可以复制目录
cp:是否覆盖"/root/anaconda - ks. cfg"? y
[root@ localhost ~]# ls              //显示内容过多,部分省略
a2ps. cfg                        modprobe. d
a2ps - site. cfg                  motd
acpi                            mtab
adjtime                         mtools. conf
alchemist                        multipath. conf
aliases                          Muttrc
aliases. db                       Muttrc. local
alsa                            my. cnf
alternatives                      netplug
anaconda - ks. cfg                netplug. d
```

2. mv 命令

mv 命令用于将一个文件改名或移动到至另一目录，在同一目录下是改名，在不同目录下是移动。命令格式如下：

mv［options］source dest

其中，options 是命令选项，source 指命令移动时从哪里移动，dest 指移动文件到哪里去。

【例 4-12】将/root 目录下的 aconda-ks. cfg 在同一目录下改名为 acon. cfg 并显示，再一次改为原名称。

```
［root@ bogon  ~ ]# cd
［root@ bogon  ~ ]# ls
anaconda – ks. cfg   install. log          VMwareTools – 7. 8. 4 – 126130. tar. gz
Desktop            install. log. syslog   vmware – tools – distrib
［root@ bogon  ~ ]# mv   anaconda – ks. cfg acon. cfg                    //改名
［root@ bogon  ~ ]# ls
acon. cfg   install. log          VMwareTools – 7. 8. 4 – 126130. tar. gz
Desktop    install. log. syslog   vmware – tools – distrib
［root@ bogon  ~ ]# mv   acon. cfg anaconda – ks. cfg                    //改回
［root@ bogon  ~ ]# ls
anaconda – ks. cfg   install. log          VMwareTools – 7. 8. 4 – 126130. tar. gz
Desktop            install. log. syslog   vmware – tools – distrib
```

【例 4-13】新建文件 file1、file2、file3，将这些文件移动到/etc 目录下并显示。

```
［root@ bogon  ~ ]# cd
［root@ bogon  ~ ]# pwd
/root
［root@ bogon  ~ ]# touch file1 file2 file3          //生成三个文件
［root@ bogon  ~ ]# mv file * /etc            //使用通配符将文件移动到/etc 目录下
［root@ bogon  ~ ]# ls /etc/file *
/etc/file1   /etc/file2   /etc/file3   /etc/filesystems
```

3. rm 命令

rm 命令用于删除文件及目录。命令格式如下：

rm［options］filename/dirname

其中，options 是命令执行时的选项，filename 是文件名称，dirname 是目录名称。常用选项的说明如下。

- i：删除前逐一询问确认。

- f：即使原文件属性设为只读，亦直接删除，无须逐一确认。

- r：将目录及以下的文件递归逐一删除。

【例 4-14】 使用 rm 命令删除/root 目录下的所有文件，当底部是否删除时，选择 n。

```
［root@ bogon ~ ］# cd
［root@ bogon ~ ］# pwd
/root
［root@ bogon ~ ］# ls
anaconda - ks. cfg    install. log            VMwareTools - 7. 8. 4 - 126130. tar. gz
Desktop              install. log. syslog     vmware - tools - distrib
［root@ bogon ~ ］# rm  *
rm: remove regular file 'anaconda - ks. cfg'? n
rm: cannot remove directory 'Desktop': Is a directory
rm: remove regular file 'install. log'? n
rm: remove regular file 'install. log. syslog'? n
rm: remove regular file 'VMwareTools - 7. 8. 4 - 126130. tar. gz'? n
rm: cannot remove directory 'vmware - tools - distrib': Is a directory
```

【例 4-15】 删除/root 目录下的 vmware - tools - distrib 目录及其下级子目录。

```
［root@ bogon ~ ］# rm  - r vmware - tools - distrib/
rm: descend into directory 'vmware - tools - distrib/'? y
rm: remove symbolic link 'vmware - tools - distrib//vmware - install. pl'? y
rm: descend into directory 'vmware - tools - distrib//doc'?              //以下省略
```

用 - r 选项可以删除目录，但删除时会提示是否删除，回答 y 删除，回答 n 不删除。

【例 4-16】 删除/root 目录下的 vmware - tools - distrib 目录及其下级子目录，并且不需要给出提示，直接删除。

```
［root@ bogon ~ ］# ls
anaconda - ks. cfg    install. log            VMwareTools - 7. 8. 4 - 126130. tar. gz
Desktop              install. log. syslog     vmware - tools - distrib
［root@ bogon ~ ］# rm   - fr   vmware - tools - distrib/
［root@ bogon ~ ］# ls
anaconda - ks. cfg    install. log            VMwareTools - 7. 8. 4 - 126130. tar. gz
Desktop              install. log. syslog
```

此命令的选项增加了 f，代表 force（强制删除）。

2.3 创建和删除目录的命令

Linux 操作中有时会根据需要建立自己的目录存放文件，或把已有的目录删除以减少占用空间，这时需要使用目录操作命令。

1. mkdir 命令

该命令创建由目录名命名的目录。如果在目录名前面没有加任何路径名，则在当前目录下创建；如果给出了一个存在的路径，则在指定的路径下创建。命令格式如下：

```
mkdir ［options］dirname
```

其中，options 是命令操作的选项，dirname 是要建立的目录名称，常用选项的说明如下。

-p：可一次建立多个目录，即如果新建目录所指定路径中的父目录尚不存在，此选项可以自动建立它们。

【例 4-17】在目录/root 下建立名称为 dir1 的目录。

```
[root@ bogon ~]# cd
[root@ bogon ~]# pwd
/root
[root@ bogon ~]# ls
anaconda－ks. cfg    install. log                VMwareTools－7. 8. 4－126130. tar. gz
Desktop             install. log. syslog
[root@ bogon ~]# mkdir dir1                //建立目录 dir1
[root@ bogon ~]# ls
anaconda－ks. cfg    dir1                  install. log. syslog
Desktop             install. log    VMwareTools－7. 8. 4－126130. tar. gz
```

【例 4-18】在目录/root 下建立 dir2 目录，dir2 目录下建立 dir3，dir3 目录下建立 dir4。

```
[root@ bogon ~]# pwd
/root
[root@ bogon ~]# mkdir dir2                //建立 dir2
[root@ bogon ~]# mkdir dir2/dir3               //建立 dir3
[root@ bogon ~]# mkdir dir2/dir3/dir4              //建立 dir4
```

如果使用 -p 选项，可以简化操作：

```
[root@ bogon ~]# mkdir － p dir2/dir3/dir4
[root@ bogon ~]# tree dir2              //使用 tree 命令显示 dir2 的目录结构
dir2
'－－ dir3
    '－－ dir4

2 directories, 0 files
[root@ bogon ~]#
```

2. rmdir 命令

该命令用于删除空的目录。命令格式如下：

```
rmdir [ － p] dirname
```

其中，dirname 是要删除的空目录名称，选项 -p 的功能是子目录被删除使它也成为空目录的话，则顺便将该目录一并删除。

【例 4-19】将例 4-18 中创建的 dir4 目录删除。

```
[root@ bogon ~]# pwd
/root
[root@ bogon ~]# ls
```

```
anaconda - ks. cfg    dir1    install. log          VMwareTools - 7. 8. 4 - 126130. tar. gz
Desktop                dir2    install. log. syslog
[root@ bogon ~ ]# rmdir dir2/dir3/dir4
[root@ bogon ~ ]# tree dir2                          //显示 dir2 的目录树, dir4 已经被删除
dir2
' -- dir3

1 directory, 0 files
[root@ bogon ~ ]#
```

当 dir4 被删除后, dir3 成为空目录, dir3 被删除后, dir2 也成为空目录, 如果把成为空目录的目录一并删除, 用 - p 选项。

【例 4-20】 接例 4-19, 将 dir2 下的 dir3 删除。

```
[root@ bogon ~ ]# ls
anaconda - ks. cfg    dir1    install. log          VMwareTools - 7. 8. 4 - 126130. tar. gz
Desktop                dir2    install. log. syslog
[root@ bogon ~ ]# tree dir2
dir2
' -- dir3

1 directory, 0 files
[root@ bogon ~ ]# rmdir - p dir2/dir3
[root@ bogon ~ ]# ls                                 //dir2 也被删除
anaconda - ks. cfg    dir1            install. log. syslog
Desktop                install. log    VMwareTools - 7. 8. 4 - 126130. tar. gz
[root@ bogon ~ ]#
```

任务 3   学习修改文件或者目录的属性

3.1   Linux 下的文件和目录的权限

1. 权限的表示方法

Linux 系统中的每个文件和目录都有访问权限, 确定用户对文件或者目录进行的访问和操作。Linux 系统规定了三种不同类型的用户: 文件拥有者 (user)、同组用户 (group)、其他用户 (others)。并且, 它规定每种用户都有三种访问文件或目录的方式: 可读文件 (r)、可写文件 (w)、可执行文件 (x)。

用 "ls -l" 命令查看时, 系统可以显示文件或目录的权限位。例如:

```
[root@ bogon ~ ]# pwd
/root
[root@ bogon ~ ]# ls -l
```

```
total 97992
– rw – – – – – – – 1 root root        1380 Sep 29 15：01 anaconda – ks. cfg
drwxr – xr – x 2 root root            4096 Sep 29 15：29 Desktop
drwxr – xr – x 2 root root            4096 Jan  5 04：09 dir1
– rw – r – – r – – 1 root root       35787 Sep 29 15：01 install. log
– rw – r – – r – – 1 root root        5966 Sep 29 15：01 install. log. syslog
– r – – r – – r – – 1 root root 100169388 Sep 29 16：03 VMwareTools – 7. 8. 4 – 126130. tar. gz
```

权限位的说明如图 4-2 所示。

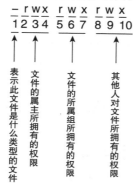

ls – l列表时，第1列共10位，其中2~10位共9位表示权限.

– r w x r w x r w x
1 2 3 4 5 6 7 8 9 10

表示此文件是什么类型的文件

文件的属主所拥有的权限

文件的所属组所拥有的权限

其他人对文件所拥有的权限

相应位上如果有对应权限，则出现相应字符，r表示读权限，w表示写权限，x表示执行权限，如果对应位上为"–"，则表示没有对应权限，每一组的权限顺序都一样，为读r—写w—执行x。

由上图知，9个权限位分成三组，分别表示属主（用U表示），组（用G表示）及其他人（用O表示）的权限。如果将有权限表示为1，没有权限表示为0，则每一组权限可用三位二进制数表示。如rw– rwx r––表示为110 111 100，每一组变成十进制，就为674。
这两种表示分别称为字符表示的权限模式和二进制表示的权限模式。

图 4-2 权限位的说明

2. chmod 命令

该命令用以改变 Linux 的文件或目录的权限，命令格式如下：

```
chmod modetype filename/dirname
```

其中，modetype 是要改变的权限的模式表示，filename/dirname 是要改变权限的文件或目录名称。

权限模式的表示方法有两种：字符表示法和八进制数表示法。

（1）字符表示法

包含字母和操作符表达式的字符表示法，这种表示方法用字母和符号表示与文件权限相关的三类不同用户以及对文件的访问权限，其一般形式如下：

```
[ u g o a ] [ = + – ] [ r w x ]
```

其中各字母和符号的含义见表 4-1。

表 4-1 字符表示法说明

字 符	说 明
a（all）	代表所有用户
u（user）	代表文件属主

（续）

字　符	说　明
g（group）	同组用户，即与文件属主有相同组 ID 的所有用户
o（other）	代表其他用户
r	代表可读权限
w	代表可写权限
x	代表可执行权限
=	给用户赋予权限
+	给用户在原有权限基础上增加权限
−	在原有权限基础上取消指定权限

例如，某文件的权限为 rwxrw − r − −，若用字符方式来表示，则为"u = rwx，g = rw，o = r"。

（2）八进制表示法

使用三位八进制数字分别代表文件拥有者用户、同组用户、其他用户的权限，读、写、执行权限所对应的数值分别是 4、2 和 1。若要表示 rwx 属性，则 4 + 2 + 1 = 7；若要表示 r w − 属性，则 4 + 2 + 0 = 6；若要表示 r − x 属性，则 4 + 0 + 1 = 5。

【例 4-21】将文件 file. txt 设为所有用户皆可读取（以下两个命令都可实现）。

```
[root@ localhost  ~]# chmod ugo + r file. txt
[root@ localhost  ~]# chmod a + r file. txt
```

【例 4-22】将目录/root 下的文件 anaconda-ks. cfg 的权限设为该文件拥有者可写、同组用户可写，其他用户不可写。

```
[root@ bogon  ~]# pwd
/root
[root@ bogon  ~]# ls  − l
total 97992
− rw − − − − − − 1 root root     1380 Sep 29 15：01 anaconda − ks. cfg        //改变前的权限
drwxr − xr − x 2 root root     4096 Sep 29 15：29 Desktop
drwxr − xr − x 2 root root     4096 Jan  5 04：09 dir1
− rw − r − − r − − 1 root root    35787 Sep 29 15：01 install. log
− rw − r − − r − − 1 root root     5966 Sep 29 15：01 install. log. syslog
− r − − r − − r − − 1 root root 100169388 Sep 29 16：03 VMwareTools − 7. 8. 4 − 126130. tar. gz
[root@ bogon  ~]# chmod ug + w,o − w anaconda − ks. cfg
[root@ bogon  ~]# ls − l
total 97992
− rw − − w − − − − 1 root root     1380 Sep 29 15：01 anaconda − ks. cfg        //改变后的权限
drwxr − xr − x 2 root root     4096 Sep 29 15：29 Desktop
drwxr − xr − x 2 root root     4096 Jan  5 04：09 dir1
− rw − r − − r − − 1 root root    35787 Sep 29 15：01 install. log
```

```
- rw - r - - r - - 1 root root        5966 Sep 29 15:01 install. log. syslog
- r - - r - - r - - 1 root root 100169388 Sep 29 16:03 VMwareTools - 7. 8. 4 - 126130. tar. gz
```

【例 4-23】 利用八进制表示法，则例 4-22 操作如下：

```
[root@ bogon ~]# ls -l
total 97992
- rw - - - - - - - 1 root root        1380 Sep 29 15:01 anaconda - ks. cfg      //改变前权限
drwxr - xr - x 2 root root        4096 Sep 29 15:29 Desktop
drwxr - xr - x 2 root root        4096 Jan   5 04:09 dir1
- rw - r - - r - - 1 root root       35787 Sep 29 15:01 install. log
- rw - r - - r - - 1 root root        5966 Sep 29 15:01 install. log. syslog
- r - - r - - r - - 1 root root 100169388 Sep 29 16:03 VMwareTools - 7. 8. 4 - 126130. tar. gz
[root@ bogon ~]# chmod 620 anaconda - ks. cfg
[root@ bogon ~]# ls -l
total 97992
- rw - - w - - - - 1 root root        1380 Sep 29 15:01 anaconda - ks. cfg      //改变后权限
drwxr - xr - x 2 root root        4096 Sep 29 15:29 Desktop
drwxr - xr - x 2 root root        4096 Jan   5 04:09 dir1
- rw - r - - r - - 1 root root       35787 Sep 29 15:01 install. log
- rw - r - - r - - 1 root root        5966 Sep 29 15:01 install. log. syslog
- r - - r - - r - - 1 root root 100169388 Sep 29 16:03 VMwareTools - 7. 8. 4 - 126130. tar. gz
```

3. umask 命令

umask 命令用于指定在建立文件时预设的权限掩码。权限掩码由 3 位八进制的数字组成，将完全权限（目录为 777，文件为 666）减掉权限掩码后，即可产生建立文件时预设的权限。命令格式如下：

```
umask    maskcode
```

其中，maskcode 是要设置的权限掩码。

【例 4-24】 显示当前权限掩码，新建一个文件，查看其权限，改变权限掩码，新建文件，查看其权限。

```
[root@ bogon ~]# umask
0022
[root@ bogon ~]# touch    file1              //新建文件 file1
[root@ bogon ~]# ls -l    file1
- rw - r - - r - - 1 root root 0 Jan   5 07:32 file1
[root@ bogon ~]# umask   0044                //改变权限掩码为 0044
[root@ bogon ~]# touch   file2
[root@ bogon ~]# ls -l   file2
- rw - - w - - w - 1 root root 0 Jan   5 07:32   file2
[root@ bogon ~]# umask   0033
[root@ bogon ~]# touch   file3
```

```
[root@bogon ~]# ls -l    file3
-rw-r--r-- 1 root root 0 Jan  5 07:33   file3
[root@bogon ~]# umask   0123
[root@bogon ~]# touch   file4
[root@bogon ~]# ls -l    file4                        //查看 file4 的权限
-rw-r--r-- 1 root root 0 Jan  5 07:33 file4
```

其权限改变如图 4-3 所示，需要注意的是，若原来权限并没有对应权限，在权限相减时并没有借位，如权限掩码为 033，完全权限 666 并没有执行权限 x，相减后为新权限 644，而不是 633。

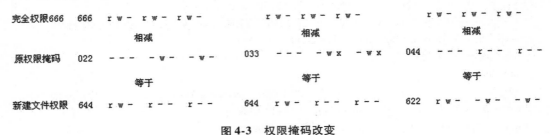

图 4-3　权限掩码改变

3.2　Linux 下文件拥有者的改变命令

1. chown 命令

Linux 是多用户操作系统，所有的文件都有一个拥有者。利用 chown 命令可以更改某个文件或目录的属主和属组，命令格式如下：

```
chown [options] user/group filename
```

其中，options 是命令选项，user/group 是改变为的用户或组，filename 是要改变拥有者的文件（目录）。

【例 4-25】 将/root 目录下 anaconda-ks.cfg 文件拥有者改变为 nobody。

```
[root@bogon ~]# ls -l anaconda-ks.cfg
-rw--w---- 1 root root 1380 Sep 29 15:01 anaconda-ks.cfg
[root@bogon ~]# chown nobody anaconda-ks.cfg
[root@bogon ~]# ls -l anaconda-ks.cfg
-rw--w---- 1 nobody root 1380 Sep 29 15:01 anaconda-ks.cfg
[root@bogon ~]#
```

【例 4-26】 将/root 目录下的所有文件的拥有者改变为 nobody。

```
[root@bogon ~]# pwd
/root
[root@bogon ~]# chown nobody *
[root@bogon ~]# ls -l
total 97992
-rw--w---- 1 nobody root      1380 Sep 29 15:01 anaconda-ks.cfg
```

```
drwxr - xr - x 2 nobody root            4096 Sep 29 15:29 Desktop
drwxr - xr - x 2 nobody root            4096 Jan   5 04:09 dir1
- rw - r - - r - - 1 nobody root           0 Jan   5 07:32 file1
- rw - - w - - w - 1 nobody root           0 Jan   5 07:32 file2
- rw - r - - r - - 1 nobody root           0 Jan   5 07:33 file3
- rw - r - - r - - 1 nobody root           0 Jan   5 07:33 file4
- rw - r - - r - - 1 nobody root       35787 Sep 29 15:01 install. log
- rw - r - - r - - 1 nobody root        5966 Sep 29 15:01 install. log. syslog
- r - - r - - r - - 1 nobody root   100169388 Sep 29 16:03 VMwareTools - 7. 8. 4 - 126130. tar. gz
```

【**例 4-27**】 在/root 目录下用 root 账户新建 dir2/dir3/dir4/dir5 目录，改变 dir2 目录下每个目录的权限为 nobody。

```
[root@ bogon  ~ ]# mkdir - p dir2/dir3/dir4/dir5          //建立多级目录
[root@ bogon  ~ ]# ls - Rl dir2              //显示改变前的拥有者，加 R 选择表示显示子目录
dir2:
total 4
drwxr - xr - - 3 root root 4096 Jan   5 08:06 dir3
dir2/dir3:
total 4
drwxr - xr - - 3 root root 4096 Jan   5 08:06 dir4
dir2/dir3/dir4:
total 4
drw - r - xr - - 2 root root 4096 Jan   5 08:06 dir5
dir2/dir3/dir4/dir5:
total 0
[root@ bogon  ~ ]# chown - R nobody dir2
[root@ bogon  ~ ]# ls - Rl dir2                   //显示改变后的拥有者
dir2:
total 4
drwxr - xr - - 3 nobody root 4096 Jan   5 08:06 dir3
dir2/dir3:
total 4
drwxr - xr - - 3 nobody root 4096 Jan   5 08:06 dir4
dir2/dir3/dir4:
total 4
drw - r - xr - - 2 nobody root 4096 Jan   5 08:06 dir5
dir2/dir3/dir4/dir5:
total 0
```

2. chgrp 命令

该命令用来改变指定文件所属的用户组。其中，组名可以是用户组的 ID，也可以是/etc/group 文件中用户组的组名，命令格式如下：

```
chgrp [options] group filename
```

其中，options 是命令操作选项，group 是系统中已有的组名，filename 是要改变的文件/目录名称。

其用法与 chown 类似，不再举例。

任务4　学习文件链接及查找命令

4.1　链接文件的命令

Linux 系统提供了以下两种文件链接方式。

1）符号链接（Symbolic Link）：很像 Windows 系统中的快捷方式，即建立一个符号链接文件，其内容是到一个实际存在的文件的路径。

2）硬链接（Hard Link）：将两个或多个文件物理地链接在一起。硬链接的文件具有相同的大小和其他属性。

用户可以用 ln 命令建立文件链接，至于是硬链接还是符号链接则由参数决定。命令格式如下：

```
ln [options] source dist
```

其中，options 是命令选项，source 是产生链接的源文件，dist 是目标文件。

【例4-28】将/root 目录下的 anaconda-ks. cfg 文件产生一个符号链接 file1，产生一个硬链接 file2。

```
[root@ bogon ~]# ls -l
total 97988
-rw--w---- 1 nobody root         1380 Sep 29 15:01 anaconda-ks. cfg
drwxr-xr-x 2 nobody root         4096 Sep 29 15:29 Desktop
-rw-r--r-- 1 nobody root        35787 Sep 29 15:01 install. log
-rw-r--r-- 1 nobody root         5966 Sep 29 15:01 install. log. syslog
-r--r--r-- 1 nobody root    100169388 Sep 29 16:03 VMwareTools-7. 8. 4-126130. tar. gz
[root@ bogon ~]# ln -s anaconda-ks. cfg file1     //产生符号链接
[root@ bogon ~]# ln anaconda-ks. cfg file2        //产生硬链接
[root@ bogon ~]# ls -l
total 97996
-rw--w---- 2 nobody root         1380 Sep 29 15:01 anaconda-ks. cfg
drwxr-xr-x 2 nobody root         4096 Sep 29 15:29 Desktop
lrwxrwxrwx 1 root   root           15 Jan  5 08:18 file1 → anaconda-ks. cfg  //符号链接文件 file1
-rw--w---- 2 nobody root         1380 Sep 29 15:01 file2              //硬链接文件 file2
-rw-r--r-- 1 nobody root        35787 Sep 29 15:01 install. log
-rw-r--r-- 1 nobody root         5966 Sep 29 15:01 install. log. syslog
-r--r--r-- 1 nobody root    100169388 Sep 29 16:03 VMwareTools-7. 8. 4-126130. tar. gz
```

4.2　匹配、排序及查找命令

1. grep 命令

grep 命令用来在指定文本文件中查找指定模式的字符串，并在标准输出上显示包括给定字符串模式的所有行。命令格式如下：

```
grep［options］filename
```

其中，options 是命令选项，filename 是在哪一个文件中查找。

【例 4-29】在/root 目录下的 anaconda-ks. cfg 文件中查找并输出"root"字符串。

```
［root@ bogon  ~ ］# pwd
/root
［root@ bogon  ~ ］# ls
anaconda－ks. cfg   install. log        VMwareTools－7. 8. 4－126130. tar. gz
Desktop            install. log. syslog  vmware－tools－distrib
［root@ bogon  ~ ］# grep root anaconda－ks. cfg
rootpw －－iscrypted  $ 1 $ FeKXevV8 $ . 6ouZLBH4qvK73F4sdPxo.
```

【例 4-30】在/root 目录下查找所有的文件，确定哪个文件包含了字符串"Document"。

```
［root@ bogon /］# cd
［root@ bogon  ~ ］# pwd
/root
［root@ bogon  ~ ］# grep － R "Document" *              //使用 R 选项可以搜索子目录
vmware－tools－distrib/bin/vmware－config－tools. pl:# XXX Document return value( s).
Binary file vmware－tools－distrib/lib/modules/source/vmhgfs. tar matches
Binary file vmware－tools－distrib/lib/lib32/libglib－2. 0. so. 0/libglib－2. 0. so. 0 matches
Binary file vmware－tools－distrib/lib/lib32/libgtk－x11－2. 0. so. 0/libgtk－x11－2. 0. so. 0 matches
vmware－tools－distrib/lib/lib32/libconf/etc/fonts/fonts. dtd: <！ －－ This is the Document Type
Binary file vmware－tools－distrib/lib/lib64/libatk－1. 0. so. 0/libatk－1. 0. so. 0 matches
Binary file vmware－tools－distrib/lib/lib64/libxml2. so. 2/libxml2. so. 2 matches
Binary file vmware－tools－distrib/lib/GuestSDK/GuestSDK. pdf matches
vmware－tools－distrib/lib/GuestSDK/vmGuestLibJava/doc/help－doc. html:How This API Document Is
Organized </H1 >
Binary file vmware－tools－distrib/lib/GuestSDK/GuestSDK_Terms_and_Conditions. pdf matches
［root@ bogon  ~ ］#
```

2. find 命令

find 命令用于在目录结构中搜索文件，并执行指定的操作。find 命令从指定的起始目录开始，递归地搜索其各个子目录，命令格式如下：

```
find［起始目录］选项 操作
```

其中各项说明如下。

1）起始目录：find 命令所查找的目录路径。例如，用"."来表示当前目录，用

"/"来表示系统根目录。

2）find 命令常用选项有以下两种。

–name：按照文件名查找文件。

–empty：查找空文件。

3）操作：查找出文件后所进行的命令处理，一般用 –exec 选项，后面跟所要执行的命令或脚本，然后是一对 ｛｝，一个空格和 \，最后是一个分号。

【例 4-31】在/root 目录下查找并输出名字为"FILES"的文件。

```
[root@ bogon  ~]# pwd
/root
[root@ bogon  ~]# ls
anaconda – ks. cfg    install. log           VMwareTools – 7. 8. 4 – 126130. tar. gz
Desktop               install. log. syslog   vmware – tools – distrib
[root@ bogon  ~]# find .  – name   FILES                    //注意这是从当前目录 . 查找
./vmware – tools – distrib/FILES
```

【例 4-32】在/root 目录下查找所有的空文件，并显示出来。

```
[root@ bogon  ~]# pwd
/root
[root@ bogon  ~]# ls
anaconda – ks. cfg    install. log           VMwareTools – 7. 8. 4 – 126130. tar. gz
Desktop               install. log. syslog   vmware – tools – distrib
[root@ bogon  ~]# find .  – empty        //从当前目录查找所有空文件
./. Trash
./. gconf/desktop/% gconf. xml
./. gconf/desktop/gnome/accessibility/% gconf. xml
./. gconf/desktop/gnome/screen/default/% gconf. xml
./. gconf/desktop/gnome/screen/% gconf. xml
./. gconf/desktop/gnome/screen/bogon/% gconf. xml
./. gconf/desktop/gnome/% gconf. xml
./. gconf/apps/gnome – session/% gconf. xml
./. gconf/apps/panel/applets/workspace_switcher/% gconf. xml
./. gconf/apps/panel/applets/% gconf. xml
./. gconf/apps/panel/applets/window_list/% gconf. xml
./. gconf/apps/panel/% gconf. xml
./. gconf/apps/% gconf. xml
./. gnome2_private
./. redhat/esc
./. mozilla/firefox/ha5puk6q. default/extensions
./. mozilla/firefox/ha5puk6q. default/. parentlock
./. mozilla/extensions/｛ec8030f7 – c20a – 464f – 9b0e – 13a3a9e97384｝
./vmware – tools – distrib/lib/GuestSDK/includeCheck. h
./vmware – tools – distrib/etc/not_configured
```

```
./vmware – tools – distrib/etc/vmware – tools
./.gnome2/nautilus – scripts
./.gnome2/accels
./.gnome2/keyrings
./.eggcups
./Desktop
./.scim/sys – tables
./.scim/pinyin/pinyin_phrase_lib
./.scim/pinyin/phrase_lib
```

【例 4-33】接例 4-32，把查找的所有空文件都删除，再次查找。

```
[root@ bogon  ~]# find . – empty – exec rm – fr {} \;    //执行删除命令 rm
find：./.Trash：No such file or directory
find：./.gnome2_private：No such file or directory
find：./.redhat/esc：No such file or directory
find：./.mozilla/firefox/ha5puk6q.default/extensions：No such file or directory
find：./.mozilla/extensions/{ec8030f7 – c20a – 464f – 9b0e – 13a3a9e97384}：No such file or directory
find：./vmware – tools – distrib/etc/vmware – tools：No such file or directory
find：./.gnome2/nautilus – scripts：No such file or directory
find：./.gnome2/accels：No such file or directory
find：./.gnome2/keyrings：No such file or directory
find：./.eggcups：No such file or directory
find：./Desktop：No such file or directory
find：./.scim/sys – tables：No such file or directory
[root@ bogon  ~]# find . – empty          //删除后再次查找，基本没有了
./.redhat
./.mozilla/extensions
```

3．sort 命令

sort 命令将逐行对指定文件中的所有行进行排序，并将结果显示在标准输出上。系统默认按照字符的 ASCII 编码顺序排序。命令格式如下：

```
sort [options] filename
```

其中，options 是命令选项，filename 是要排序的文件。

【例 4-34】系统中有文件 file.txt，对它按行进行排序。

```
[root@ localhost  ~]# cat file.txt
ad
A
1
ab
%
[root@ localhost  ~]# sort file.txt
```

```
%
1
ab
ad
A
```

在 ASCII 编码表中,% 、1、a、A 的编码分别为 37、49、65、97。

4. uniq 命令

uniq 命令读取输入文件,并比较相邻的行,去掉重复的行,只留下其中的一行。命令格式如下:

```
uniq [ options ] inputfile   outfile
```

其中,options 是命令选项,inputfile 是要比较的输入文件,outfile 是保存结果的输出文件。

【例4-35】 删除文件 file1. txt 中重复的相邻行,将结果保存到 file2. txt 里。

```
[ root@ localhost  ~ ]# cat file1. txt
a
a
a
a
b
b
c
a
[ root@ localhost  ~ ]# uniq file1. txt file2. txt        //把比较结果保存到 file2. txt 中
[ root@ localhost  ~ ]# cat file2. txt
a
b
c
a
```

任务 5   学习 Linux 的重定向及管道命令

5.1   重定向命令

Linux 系统定义了三个标准 I/O(输入/输出)文件,即标准输入文件 stdin、标准输出文件 stdout 和标准错误输出文件 stderr。在默认的情况下,stdin 对应终端的键盘,stdout、stderr 对应终端的屏幕。

在一般情况下,shell 命令和应用程序都设计为使用标准 I/O 设备进行输入和输出。它们从 stdin 接收输入数据,将正常的输出数据写入 stdout,将错误信息写入 stderr,但可以根据需要,将这些输入、输出的方向改变。

1．输入重定向

输入重定向是指把命令的标准输入改变为指定的文件（包括设备文件），使命令从该文件而不是从键盘中获取输入。命令格式如下：

命令 < 文件

【例 4-36】输出/root 目录下 anaconda-ks. cfg 文件的内容。

```
[root@ bogon ~]# pwd
/root
[root@ bogon ~]# ls
anaconda - ks. cfg    install. log. syslog                    vmware - tools - distrib
install. log        VMwareTools - 7. 8. 4 - 126130. tar. gz
[root@ bogon ~]# cat anaconda - ks. cfg            //没有加输入重定向符号
# Kickstart file automatically generated by anaconda.

install
cdrom
lang en_US. UTF - 8
keyboard us
xconfig -- startxonboot
//内容省略
[root@ bogon ~]# cat < anaconda - ks. cfg          //使用输入重定向符号
# Kickstart file automatically generated by anaconda.

install
cdrom
lang en_US. UTF - 8
keyboard us
xconfig -- startxonboot
//内容省略
```

对许多命令而言，用参数指定文件与用输入重定向指定文件的效果一样，所以没有必要使用输入重定向。

2．输出重定向

输出重定向是指把命令的标准输出或标准错误输出重新定向到指定文件中。这样，该命令的输出就不显示在屏幕上，而是写入到文件中。

输出重定向有以下两种格式。

1）标准输出重定向，命令格式如下：

命令 > 文件

2）附加输出重定向，命令格式如下：

命令 >> 文件

附加输出重定向与标准输出重定向相似，只是当指定的文件存在时，标准输出重定向的做法是先将文件清空，再将命令的输出信息写入，而附加输出重定向则是保留文件内的原有内容，将命令的输出附加在后面。

【例 4-37】在当前目录下执行以下命令，测试输出重定向的应用。

```
［root@ localhost ～］# echo "this is Linux world！" ＞ file　　//echo 命令用于向一个文件输入内容
［root@ localhost ～］# cat file
this is Linux world！
［root@ localhost ～］# echo "this is not Linux world！" ＞ file
［root@ localhost ～］# cat file
this is not Linux world！
［root@ localhost ～］# echo "this is Linux world！" ＞＞ file
［root@ localhost ～］# cat file
this is not Linux world！
this is Linux world！
```

5.2　管道命令

管道（Pipe）的功能是将一个程序或命令的输出作为另一个程序或命令的输入。管道把一系列命令连接起来，形成一个管道线（Pipe Line）。管道线中前一个命令的输出会传递给后一个命令，作为它的输入。最终显示在屏幕上的内容是管道线中最后一个命令的输出。如图 4-4 所示。

■ 管道命令
　➜用于把Linux中的相关命令连接，前一个命令的
　　输出是后一个命令的输入。

图 4-4　管道命令

命令格式如下：

```
命令1 | 命令2 | … | 命令 n
```

【例 4-38】统计当前目录中包含多少个子目录。

```
［root@ bogon ～］# pwd
/root
［root@ bogon ～］# ls
anaconda – ks. cfg　install. log. syslog　　　　　　　　vmware – tools – distrib
install. log　　　　VMwareTools – 7. 8. 4 – 126130. tar. gz
```

```
[root@ bogon  ~ ]# ls  -l | grep ″^d″ | wc  -l
1
```

其中，在/root 目录下有一个子目录 vmware-tools-distrib，用命令 "ls -l" 输出的时候，每一行的第一列如果是目录文件会显示为字符 d，"grep ^d" 命令用于查找首字符是 d 的行，这样的行有多少，用 "wc -l" 来进行统计，三个命令合起来，上一个命令的输出转变为下一个命令的输入，结果就是输出子目录的个数。

任务 6　Linux 下的软件包管理

6.1　RPM 格式的二进制软件包管理

Linux 软件的二进制分发是指事先已编译好的二进制形式软件包的发布，其优点是安装使用容易，缺点是缺乏灵活性，因为如果该软件包是为特定硬件和操作系统平台编译的，就不能在另外的平台或环境下使用。

RPM（Red Hat Package Manager）是 Red Hat 公司推出的软件包管理工具，很容易对 RPM 形式的软件包进行安装、升级、卸载、验证、查询等操作。

1. RPM 软件包的命名规则

RPM 软件包的名称中通常包含了软件包名称、版本信息、发行号、操作系统信息、适应的硬件架构等。命名格式如下：

name-version-release. type. rpm

其中各部分的含义如下。

软件名称（name）：软件包的标识，如 telnet-server 说明该软件用于 telnet 功能。

版本号（version）：版本号说明软件到目前共发行了多少个版本、软件是否是最新的等。

发行号（release）：一个版本的软件在发行后可能出现漏洞，那么就需要修复和重新封装，每修复和封装一次，软件的发行号就要更新一次。

体系类型（type）：表示该 RPM 包适合的硬件平台，有 i386、Sparc、Alpha 等平台名称标识。i386 指这个软件包适用于 Intel 80386 以后的 x86 架构的计算机。Sparc、Alpha 分别表示这个软件包适用于 Sparc、Alpha 架构的计算机。noarch 表示这个软件包与硬件构架无关，可以通用。

例如，软件包 telnet-server-0. 17-25. i386. rpm，其中 telnet-server 是在系统中登记的软件包的名字，0. 17 是软件的版本号，25 是发行号（补丁号），i386 表示该软件包适应于 Intel x86 平台。

注：RPM 软件包的安装、删除、更新只有在 root 权限下才能使用；对于查询功能，任何用户都可以操作。

2. RPM 软件包的安装

安装 RPM 软件包使用 – i 主选项，命令格式如下：

```
rpm – ivh options file1. rpm … fileN. rpm
```

其中，– i 是安装（Install）的意思，– v 是软件在安装时显示详细信息，– h 是软件安装时用#显示进度，options 是安装软件时其他选项，fileN. rpm 是要安装的软件包名。

【例 4-39】安装 telnet – server 软件包。RPM 命令通常会把 – i、– v、– h 选项组合在一起使用。

```
[root@ bogon CentOS]# ls          telnet *
telnet – 0. 17 – 39. el5. i386. rpm    telnet – server – 0. 17 – 39. el5. i386. rpm
[root@ bogon CentOS]# rpm       – ivh telnet – server – 0. 17 – 39. el5. i386. rpm
Preparing…                    ###########################################[100%]
    1:telnet – server           ###########################################[100%]
```

在安装 RPM 软件包时，如果将要安装的软件包中的某些文件已经安装过了，系统会提示文件无法安装，用户可以通过 – – replacepkgs 选项强制替换这些文件。

【例 4-40】强制重复安装 telnet – server 软件包。

```
[root@ bogon CentOS]# rpm    – ivh telnet – server – 0. 17 – 39. el5. i386. rpm
Preparing…               ###########################################[100%]
        package telnet – server – 0. 17 – 39. el5. i386 is already installed
[root@ bogon CentOS]# rpm    – ivh – – replacepkgs telnet – server – 0. 17 – 39. el5. i386. rpm
Preparing…               ###########################################[100%]
    1:telnet – server       ###########################################[100%]
```

3. RPM 软件包的查询

查询系统中已经安装的 RPM 软件包时使用 – q 主选项，命令格式如下：

```
rpm – q options file1. rpm … fileN. rpm
```

其中，– q 是查询（Query）的意思。

【例 4-41】查询系统中安装所有软件包。

```
[root@ bogon ~]# rpm – qa | more   //加上 a 选项表示查询所有的软件包，由于软件包多，用管道
                                   //命令加 more 命令实现分屏显示，在屏幕底部有 more 分屏标记
cracklib – dicts – 2. 8. 9 – 3. 3
centos – release – notes – 5. 4 – 4
rootfiles – 8. 1 – 1. 1. 1
tcp_wrappers – 7. 6 – 40. 7. el5
pilot – link – 0. 11. 8 – 16
groff – 1. 18. 1. 1 – 11. 1
cdrdao – 1. 2. 1 – 2
eject – 2. 1. 5 – 4. 2. el5
```

libchewing － 0. 3. 0 － 8. el5

－－ More －－

【例 4-42】 查看 telnet － server 软件包是否已经安装。

［root@ bogon　~］# rpm　－ q telnet － server　　　　//第一个命令实现

telnet － server － 0. 17 － 39. el5

［root@ bogon　~］# rpm　－ qa | grep telnet *　　　　//第二个命令也可以实现

telnet － server － 0. 17 － 39. el5

telnet － 0. 17 － 39. el5

【例 4-43】 查看 telnet － server 软件包的概要信息。

```
［root@ bogon　~］# rpm　－ qi telnet － server　　//i 选项表示信息
Name          : telnet － server              Relocations：( not relocatable)
Version       : 0. 17                         Vendor：CentOS
Release       : 39. el5                       Build Date：Sat 01 Dec 2007 04：10：47 AM EST
Install Date：Mon 05 Jan 2015 07：20：27 PM EST    Build Host：builder6
Group         : System Environment/Daemons     Source RPM：telnet － 0. 17 － 39. el5. src. rpm
Size          : 50156                         License：BSD
Signature     : DSA/SHA1, Sat 01 Dec 2007 06：16：37 PM EST, Key ID a8a447dce8562897
Summary       : The server program for the telnet remote login protocol.
Description：
Telnet is a popular protocol for logging into remote systems over the
Internet. The telnet － server package includes a telnet daemon that
supports remote logins into the host machine. The telnet daemon is
disabled by default. You may enable the telnet daemon by editing
/etc/xinetd. d/telnet.
```

【例 4-44】 查看 telnet － server 软件包安装后的路径。

```
［root@ bogon　~］# rpm　　－ ql　　telnet － server　　　//l 选项是 list 列表的意思
/etc/xinetd. d/telnet
/usr/sbin/in. telnetd
/usr/share/man/man5/issue. net. 5. gz
/usr/share/man/man8/in. telnetd. 8. gz
/usr/share/man/man8/telnetd. 8. gz
```

【例 4-45】 查询文件/usr/sbin/in. telnetd 的软件包归属。

［root@ bogon　~］# rpm　　－ qf　 /usr/sbin/in. telnetd　　//用 f 选项表示查询 file 文件

telnet － server － 0. 17 － 39. el5

4. RPM 软件包的升级

RPM 对软件包的升级时使用 － U 主选项，命令格式如下：

rpm － U options file

其中，－ U 是升级（Upgrade）的意思。

【例 4-46】将 telnet − server − 0. 17 − 25 软件包升级到 telnet − server − 0. 17 − 26。

```
[root@ localhost ~ ]# rpm  − q   telnet − server        //此项操作是在有新版本的软件前提下进行
telnet − server − 0. 17 − 25
[root@ localhost ~ ]# rpm  − Uvh telnet − server − 0. 17 − 26. i386. rpm
Preparing…                 ########################################### [100% ]
   1:telnet − server        ########################################### [100% ]
[root@ localhost ~ ]# rpm   − q   telnet − server
telnet − server − 0. 17 − 26
```

5. RPM 软件包的删除

删除系统中已安装的 RPM 包使用 − e 主选项，命令格式如下：

```
rpm  − e options file
```

其中，− e 是删除（Erase）的意思。

【例 4-47】删除安装后的 telnet − server 软件包。

```
[root@ bogon  ~ ]# rpm  − qa | grep telnet − server        //先查询已安装
telnet − server − 0. 17 − 39. el5
[root@ bogon  ~ ]# rpm  − e telnet − server                //卸载
[root@ bogon  ~ ]# rpm  − qa | grep telnet − server        //查询不到
[root@ bogon  ~ ]#
```

【例 4-48】删除 gcc 软件包，但是存在依赖关系，操作过程如下。

```
[root@ bogon  ~ ]# rpm   − qa  |  grep  gcc
gcc − c + + − 4. 1. 2 − 46. el5
libgcc − 4. 1. 2 − 46. el5
gcc − 4. 1. 2 − 46. el5
gcc − gfortran − 4. 1. 2 − 46. el5
[root@ bogon  ~ ]# rpm   − e  gcc
error：Failed dependencies：
        gcc = 4. 1. 2 − 46. el5 is needed by (installed) gcc − c + + − 4. 1. 2 − 46. el5. i386
        gcc = 4. 1. 2 − 46. el5 is needed by (installed) gcc − gfortran − 4. 1. 2 − 46. el5. i386
        gcc is needed by (installed) systemtap − 0. 9. 7 − 5. el5. i386
[root@ bogon  ~ ]# rpm  − e − − nodeps gcc
```

这里出现了软件依赖性，根据上面的提示可知，要删除 gcc 软件包，需要首先删除与 gcc 相互依赖的两个软件包。强制删除时可以加辅助选项 − − nodeps，忽略依赖关系，但是这样可能会导致相关依赖软件的不可用。

6.2 TAR 软件包与源代码软件包管理

1. 二进制软件包管理

（1）Linux 下的文件压缩与打包

Linux 操作系统下使用的是开源软件，开源软件发行时一般为".gz"".tar"".gz"

".tgz"".bz2"".Z"".tar" 等格式。

软件打包是指将许多文件和目录变成一个总的文件，该文件的体积并不会缩小。压缩则是将一个大的文件通过一些压缩算法变成一个小文件。

Linux 下常用的压缩工具有 bzip2、gzip、zip，分别生成 ".bz2"".gz"".zip" 格式的压缩包，需要解压时对应使用解压缩工具 bunzip2、gunzip、unzip。

【例 4-49】 在/root 目录下压缩 anaconda-ks.cfg 文件，使用 bzip2，对于生成的压缩文件，再使用 bunzip2 命令对其解压缩。

```
[root@ bogon ~]# pwd
/root
[root@ bogon ~]# ls
anaconda - ks.cfg    install.log.syslog                vmware - tools - distrib
install.log          VMwareTools - 7.8.4 - 126130.tar.gz
[root@ bogon ~]# bzip2 anaconda - ks.cfg
[root@ bogon ~]# ls
anaconda - ks.cfg.bz2  install.log.syslog              vmware - tools - distrib
install.log          VMwareTools - 7.8.4 - 126130.tar.gz
[root@ bogon ~]# bunzip2 anaconda - ks.cfg.bz2
[root@ bogon ~]# ls
anaconda - ks.cfg    install.log.syslog                vmware - tools - distrib
install.log          VMwareTools - 7.8.4 - 126130.tar.gz
```

Linux 系统下最常用的打包工具是 TAR，使用该程序打出来的包称为 TAR 包。命令格式如下：

```
tar options filename.tar directory/file
```

其中，option 是选项，常用选项见表 4-2；filename.tar 是打包生成的文件，也称为档案文件；directory/file 是被打包的文件或者目录。

表 4-2　TAR 命令主选项说明

主选项	说　　　明
- c	创建新的档案文件
- f	使用档案文件或设备，这个选项通常是必选的
- v	详细报告 TAR 处理的文件信息
- z	用 gzip 来压缩/解压缩文件
- x	解压缩文件

（2）创建 TAR 文件

创建一个 TAR 档案文件要使用选项 - c，并指明创建 TAR 文件的文件名。该命令功能是将指定的文件或者目录进行归档，生成一个扩展名为 ".tar" 的文件。命令格式如下：

```
tar  - cvf filename.tar directory/file
```

【例 4-50】 把/root 目录下的 anaconda-ks. cfg 文件打包成档案文件，文件名为 anaconda-ks. cfg. tar。

```
[root@ bogon  ~ ]# pwd
/root
[root@ bogon  ~ ]# ls
anaconda – ks. cfg    install. log. syslog                    vmware – tools – distrib
install. log          VMwareTools – 7. 8. 4 – 126130. tar. gz
[root@ bogon  ~ ]# tar – cvf anaconda – ks. cfg. tar anaconda – ks. cfg
anaconda – ks. cfg
[root@ bogon  ~ ]# ls   – l
total 97996
– rw – – – – – – 1 root root    1380 Sep 29 15:01 anaconda – ks. cfg        //原文件
– rw – r – – r – – 1 root root   10240 Jan  5 19:47 anaconda – ks. cfg. tar   //打包后的文件比原文件大
– rw – r – – r – – 1 root root   35787 Sep 29 15:01 install. log
– rw – r – – r – – 1 root root    5966 Sep 29 15:01 install. log. syslog
– r – – r – – r – – 1 root root 100169388 Sep 29 16:03 VMwareTools – 7. 8. 4 – 126130. tar. gz
drwxr – xr – x 7 root root     4096 Oct 28   2008 vmware – tools – distrib
```

可以看到，test. tar 就是 test 目录打包后的文件，其容量比打包前要大。

（3）创建压缩的 TAR 文件

使用 – c 选项生成的 TAR 包并没有压缩，所生成的文件一般比较大，为了节省硬盘空间，通常需要生成压缩过的 TAR 包。此时，用户可以在 TAR 命令中增加 – z 选项，以调用 gzip 压缩程序对其进行压缩，压缩后的文件扩展名为 ". gz"。命令格式如下：

```
tar – zcvf filename. tar directory/file
```

【例 4-51】 把 anaconda – ks. cfg 打包压缩成 anaconda – ks. cfg. tar. gz。

```
[root@ bogon  ~ ]# tar cvzf anaconda – ks. cfg. tar. gz anaconda – ks. cfg
anaconda – ks. cfg
[root@ bogon  ~ ]# ll                      //ll 命令相当于"ls – l"
total 98000
– rw – – – – – – 1 root root     1380 Sep 29 15:01 anaconda – ks. cfg
– rw – r – – r – – 1 root root   10240 Jan  5 19:47 anaconda – ks. cfg. tar
– rw – r – – r – – 1 root root     886 Jan  5 19:53 anaconda – ks. cfg. tar. gz
– rw – r – – r – – 1 root root   35787 Sep 29 15:01 install. log
– rw – r – – r – – 1 root root    5966 Sep 29 15:01 install. log. syslog
– r – – r – – r – – 1 root root 100169388 Sep 29 16:03 VMwareTools – 7. 8. 4 – 126130. tar. gz
drwxr – xr – x 7 root root     4096 Oct 28   2008 vmware – tools – distrib
```

可以看到，anaconda – ks. cfg. tar. gz 文件的大小明显小于 anaconda – ks. cfg. tar 文件。

（4）从 TAR 包中还原文件

用户可以使用带主选项 – x 的 TAR 命令实现从已经存在的 TAR 文件中解包。命令格式如下：

```
tar zxvf filename. tar
```

【例 4-52】还原 anaconda – ks. cfg. tar、anaconda – ks. cfg. tar. gz 压缩文件的内容。

```
[ root@ bogon  ~ ]# tar   xvf   anaconda – ks. cfg. tar
anaconda – ks. cfg
[ root@ bogon  ~ ]# tar   xvzf   anaconda – ks. cfg. tar. gz
anaconda – ks. cfg
[ root@ bogon  ~ ]# ll
total 98000
– rw – – – – – – – 1 root root        1380 Sep 29 15：01 anaconda – ks. cfg
– rw – r – – r – – 1 root root       10240 Jan  5 19：47 anaconda – ks. cfg. tar
– rw – r – – r – – 1 root root         886 Jan  5 19：53 anaconda – ks. cfg. tar. gz
– rw – r – – r – – 1 root root       35787 Sep 29 15：01 install. log
– rw – r – – r – – 1 root root        5966 Sep 29 15：01 install. log. syslog
– r – – r – – r – – 1 root root 100169388 Sep 29 16：03 VMwareTools – 7. 8. 4 – 126130. tar. gz
drwxr – xr – x 7 root root        4096 Oct 28   2008 vmware – tools – distrib
```

命令执行成功后，原来的 tar 文件和 tar. gz 文件并没有删除。

2. 源代码分发软件包的安装与卸载

Linux 的源代码分发是指提供了该软件所有程序的源代码，需要用户自己编译成可执行的二进制代码并进行安装。

（1）∗. src. rpm 形式的源代码软件包

安装：

```
rpm   – rebuild  ∗. src. rpm              //rebuild 选项是依据平台环境重新编译
cd  /usr/src/dist/RPMS
rpm   – ivh  ∗. rpm                //安装编译后的 RPM 软件包
```

卸载：

```
rpm   – e packagename
```

其中，packagename 是要卸载的软件包名称。

（2）∗. tar. gz 形式的源代码软件包安装

安装（使用"tar xvzf 软件包名"进行解压缩）：

```
. /configure               //配置
make                //编译
make install           //安装
```

卸载：

```
make   uninstall
```

对于 tar. gz 形式的源代码安装，用户应该先查看解压后的文件清单，阅读如 readme 等软件安装说明，了解安装需求，必要时还须改动编译配置。

项目小结

　　掌握 Linux 下常用命令的操作是熟练运用 Linux 的基础，Linux 下的命令有很多，需要记住常用的命令，也可以用 man 命令或 help 命令查看某一个命令的帮助。在操作命令时，遵循命令的格式，掌握命令操作时的相关技巧，从而提高工作速度和效率。

　　Linux 的命令大体可以分为目录和文件显示、文件复制和更名、文件或内容查找、链接文件和命令重定向以及命令的组合等，每一个命令都有不同的选项以增加命令的多样化输出，用户可以使用 man 命令获取不同选项的帮助。

　　Linux 是一个开源操作系统，在 Linux 平台下使用的软件包大部分为开源软件包，这些软件包的格式为 tar. gz，因此对 tar. gz 软件包的压缩和解压是要掌握的基本命令。此外，用户还需要学会 RPM 软件包的安装、升级、删除和查询操作。

项目 5　学习 VI 操作

任务1　学习 VI 的命令格式转换

VI 是 Linux 系统中最常用的文本编辑器，可以执行输出、删除、查找、替换等操作，几乎每个 Linux 系统都提供了 VI 工具。

VI 编辑器有 3 种工作方式，即命令方式、输入方式及 ex 转义方式。通过相应的命令或操作，这 3 种工作方式之间可以相互转换。

1. 命令方式

当用户在终端中输入命令 vi 进入编辑器后，VI 编辑器就处于命令方式。此时，从键盘上输入的任何字符都被作为编辑命令来解释，如 a（Append）表示附加命令、i（Insert）表示插入命令等。

2. 输入方式

通过输入 VI 的插入命令（i）、附加命令（a）、打开命令（o）等，从命令方式进入到输入方式。在输入方式下，从键盘上输入的所有字符都被插入到正在编辑的缓冲区中，被当作该文件的正文。

由输入方式回到命令方式的办法是按下〈Esc〉键。

3. ex 转义方式

使用 VI 编辑器的 ex 转义方式，可输入一个冒号（:）。冒号作为 ex 命令提示符出现在状态行（通常在屏幕最下一行）。转义命令执行后，VI 编辑器自动回到命令方式。

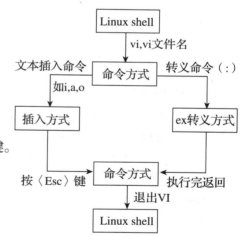

图 5-1　VI 编辑器在三种工作方式之间的转换

VI 编辑器的三种工作方式之间的转换如图 5-1 所示。

【例 5-1】练习 VI 模式之间的转换。

1）在终端提示符下输入 vi 命令，进入 vi。

~
~
~
~

```
~
~
~                            VIM  –  Vi IMproved
~
~                             version 7. 0. 237
~                            by Bram Moolenaar et al.
~                        Vim is open source and freely distributable
~
~                            Become a registered Vim user!
~           type    :help register < Enter >      for information
~
~           type    :q < Enter >                    to exit
~           type    :help < Enter >    or    < F1 >   for on – line help
~           type    :help version7 < Enter >        for version info
~
~
```

2）这时，编辑器处于命令模式下，从键盘上输入的字符在屏幕上不显示。输入一个插入命令 i。

```
l;asdjl;jasdfl;kjadlkj
askdhjfklajhfd
khasdfkj
~
~
~
~
 –– INSERT ––                               //插入标志
```

此时，编辑器为插入模式，在屏幕底部显示"INSERT"标志，从键盘上输入的字符都显示在 VI 的编辑窗口内，按〈Esc〉键返回命令模式。

3）从命令模式下按下〈:〉键，进入到 ex 转义模式。

```
l;asdjl;jasdfl;kjadlkj
askdhjfklajhfd
khasdfkj
~
~
~
~
~
~
:                              //转义标志
```

转义模式下在屏幕底部显示":"标志，在此处可以输入一些要执行的命令，按〈Esc〉键返回命令模式。

任务2 学习启动和退出 VI

在系统提示符下，输入命令 vi 和想要编辑（建立）的文件名，便可进入 VI。例如：

```
[root@ localhost ~]# vi file. c
~
~
~
~
"file. c"[New File]
```

上述示例表示 file. c 是一个空文件，里面还没有任何东西。光标停在屏幕的左上角。在每一行开头都有一个"～"符号，表示空行。如果指定的文件已在系统中存在，输入上述形式的命令后，在屏幕上显示出该文件的内容，光标停在左上角。在屏幕的最底行显示出一行信息，包括正在编辑的文件名、行数和字符个数。该行称为 VI 的状态行。例如：

```
[root@ localhost ~]# vi file. c
#include < stdio. h >
int main( )
{
        printf("hello!");
        return 0;
}
~
~
"file. c" 6L, 64C
```

当编辑完文件、准备返回到 shell 状态时，应执行退出 VI 的命令。在 VI 的 ex 转义方式下用如下方法可以退出 VI 编辑器。

1）"：wq"的功能是把编辑缓冲区的内容写到指定的文件中以退出编辑器，回到 shell 状态下。其操作过程是，先输入冒号（：），进入到 VI 的转义方式，再输入命令 wq（Write and Quit），然后按〈Enter〉键。

2）"：ZZ"或者"：x"的功能是仅当对所编辑内容做过修改时，系统才将缓冲区的内容写到指定文件上。

3）"：q!"的功能是强行退出 VI。感叹号（!）告诉 VI，无条件退出，不把缓冲区中的内容写到文件中。

【例5-2】学习 VI 的启动和退出。

1）在/root 目录下用 VI 编辑 anaconda – ks. cfg 文件。

```
[root@ bogon ~]# ls
anaconda – ks. cfg    install. log        VMwareTools – 7. 8. 4 – 126130. tar. gz
Desktop              install. log. syslog  vmware – tools – distrib
```

```
[ root@ bogon ~ ]# vi   anaconda – ks. cfg
# Kickstart file automatically generated by anaconda.


install
cdrom
lang en_US. UTF – 8
keyboard us
xconfig  –– startxonboot
network  –– device eth0  –– bootproto dhcp
# not guaranteed to work
#clearpart  –– linux  –– drives = sda
#part ⁄boot  –– fstype ext3  –– size = 100  –– ondisk = sda
#part pv. 2  –– size = 0  –– grow  –– ondisk = sda
#volgroup VolGroup00  –– pesize = 32768 pv. 2
@
"anaconda – ks. cfg" 60L, 1380C           //文件 anaconda – ks. cfg 的行数,字符数
```

2）切换到插入模式，在第一行输入"hello，how are you"并按〈Enter〉键。

```
hello how are you                      //输入的内容
# Kickstart file automatically generated by anaconda.


install
cdrom
lang en_US. UTF – 8
keyboard us
xconfig  –– startxonboot
network  –– device eth0  –– bootproto dhcp
#volgroup VolGroup00  –– pesize = 32768 pv. 2
 ––  INSERT ––                         //插入标志
```

3）保存内容退出，按〈Esc〉键返回命令模式，在命令模式下按〈:〉键，进入转义模式，输入 wq 命令并按〈Enter〉键保存退出。

```
hello how are you
# Kickstart file automatically generated by anaconda.


install
cdrom
lang en_US. UTF – 8
keyboard us
xconfig  –– startxonboot
network  –– device eth0  –– bootproto dhcp
#volgroup VolGroup00  –– pesize = 32768 pv. 2
:wq                           //保存退出
```

4）如果不保存退出，在转义模式下输入“q！”并按〈Enter〉键。

```
hello how are you
# Kickstart file automatically generated by anaconda.

install
cdrom
lang en_US. UTF − 8
keyboard us
xconfig  −− startxonboot
network  −− device eth0  −− bootproto dhcp
ew_York
#part pv. 2  −− size = 0  −− grow  −− ondisk = sda
#volgroup VolGroup00  −− pesize = 32768 pv. 2
:q!                                    //不保存退出
```

任务 3　学习 VI 的常用命令

VI 的常用命令见表 5-1。

表 5-1　VI 常用命令

命令分类	命令模式下输入	功能说明	备注
进入插入模式	i（小写）	在当前光标之前插入	命令方式
	I（大写）	在当前光标所在行行首插入	
	a（小写）	在当前光标之后插入	
	A（大写）	在当前光标所在行行尾插入	
	o（小写）	在当前光标下面插入新的一行并输入	
	O（大写）	在当前光标上面插入新的一行并输入	
光标移动	h、j、k、l	光标分别向上（↑）、下（↓）、左（←）、右（→）移动	
	G	光标移动至文件的最后一行	
	n + G	光标移动至第 n 行，如 12G 移动到 12 行	
删除字符	x	删除光标所在位置上的字符	
	dd	删除光标所在行	
	n + dd	向下删除 n 行，包括光标所在行	
复制粘贴	yy	将光标所在行复制	
	n + yy	将从光标所在行起向下的 n 行复制	
	p	将复制的字符串粘贴在当前光标所在位置	
撤销与重复	u	撤销上一步操作	
	.	重复下一步操作	

（续）

命令分类	命令模式下输入	功能说明	备注
字符串查找	/字符串 + ↵	输入字符串后按〈Enter〉键，向后查找指定的字符串	转义方式
	n	继续查找下一个满足条件的字符串	
显示行号	: set nu	每一行前显示行号	
	: set nonu	不显示行号	
存盘与退出	:w 文件名	以指定的文件名存盘，不退出 VI	
	:wq 文件名	以指定的文件名存盘并退出 VI	
	: q	退出 VI	
	: q!	强行退出 VI，不管是否保存文档	

【例 5-3】 练习 VI 的常用命令。

1）使用 VI 命令在/root 目录下，创建一个文件 vitest. txt。

2）练习 VI 在三种工作方式下的转换。将 VI 切换至编辑方式，输入下面字符：

```
This is a vi file
vi is a power tool to help us editing files
vi is very useful!
```

3）将 VI 切换至命令方式，保存文件，不退出。

4）将 VI 切换到转义方式下，显示当前编辑的文件行号。

```
1 This is a vi file.
2 vi is a power tool to help up editing files.
3 vi is very useful!
```

5）将前三行的文件复制，粘贴到最后一行。

```
1 This is a vi file.
2 vi is a power tool to help up editing files.
3 vi is very useful!
4 This is a vi file.
5 vi is a power tool to help up editing files.
6 vi is very useful!
~
```

6）删除第 3、4 行。

```
1 This is a vi file.
2 vi is a power tool to help up editing files.
3 vi is a power tool to help up editing files.
4 vi is very useful!
~
```

7）把第 1、2、3 行移动到第 4 行的后面。

```
1 vi is very useful!
2 This is a vi file.
3 vi is a power tool to help up editing files.
4 vi is a power tool to help up editing files.
~
```

8）恢复 5、6、7 的步骤到第 4 步。

9）保存当前文件并退出。

项目小结

VI 是 Linux 下的常用的文本编辑工具，其功能强大、使用灵活，是 Linux 平台下进行文本编辑的最佳选择。

VI 有三种状态，命令状态、插入状态和转义状态，在不同的状态下具有不同的功能。想要熟练操作 VI，状态之间的转换是基础，用户可以通过不同的命令及按键实现三种状态之间的转换。

VI 常用的操作命令有很多，但这些命令通过使用可以发现，许多命令和键盘布局的结合非常巧妙，使 VI 操作时的效率大大提高。

项目 6　学习 Linux 的 shell

Linux 系统一般由 4 个部分组成：Linux 内核、shell、文件系统及应用程序。内核、shell、文件系统一起构成了基本的操作系统结构，如图 6-1 所示。

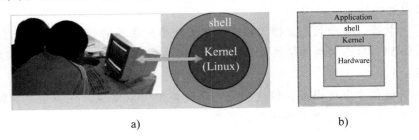

a)　　　　　　　　　　　　　　　　　b)

图 6-1　Linux 的系统组成

1. Linux 内核

内核是 Linux 系统的核心，Linux 的内核版本不断更新，新的内核修正了旧内核的 Bug 并增加了许多新的特性。通常，更新的内核会支持更多的硬件，具备更好的进程管理能力，运行速度更快、更稳定，用户可根据需要定制更高效、稳定的内核，这就是重新内核编译。

2. shell

如图 6-1a 所示，shell 是用户使用 Linux 系统的界面，提供了用户与内核进行交互操作的一种接口，图 6-2 是 CentOS 5.4 下默认的 bash 窗口。

图 6-2　默认的图形界面上的 bash 终端窗口

3. 文件系统

文件系统是文件存放在硬盘等存储设备上的组织方法，目前 Linux 能支持多种文件系统，如 ext2、ext3、FAT、vfat、iso9660、NFS、SMB 等。

4. 应用程序

应用程序包括文本编辑器、编程语言、X Window、办公套件、Internet 工具、数据库等，所有需要的这些软件，都包含在 Linux 的发行光盘中。

任务 2 学习 Linux 下 shell 的简单应用

2.1 Linux 下 shell 的概述

shell 用 C 语言写成，Linux 系统继承了 UNIX 系统中 shell 的全部功能。如图 6-3 所示，shell 是 Linux 的一个外壳，它包在 Linux 内核的外面，为用户和内核之间的交换提供一个接口。

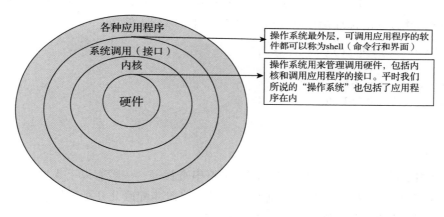

图 6-3 Linux 的 shell

用户通过终端输入的所有信息都会先传给 shell 处理，shell 再把处理过的信息传给内核或程序执行工作。

Linux 系统提供了多种不同的 shell，常用的有 Bourne shell（sh）、C-shell（csh）、Korn shell（ksh）和 Bourne Again shell（bash）。

2.2 shell 的特殊字符

shell 的特殊字符都有特定的含义。

1. 空白格

在 UNIX/Linux 系统中，用〈Space〉键和〈Tab〉键输入空格，用于单词、参数、命令、选项之间的分隔。

2. 引号

在 shell 中引号分为三种：双引号、单引号和反引号。

1）双引号：由双引号括起来的字符，除"＄"、反引号"'"和"＼"外，其余作为普通字符对待。"＄"表示变量替换，"'"表示命令替换，"＼"表示转义字符的开始。其中部分转义字符见表6-1。

表 6-1　转义字符表

特 殊 字 符	代 表 意 义	特 殊 字 符	代 表 意 义	特 殊 字 符	代 表 意 义
＼ a	响铃	＼ x??	十六进制表示	＼＼	＼
＼ b	退格	＼ '	、	＼ 0???	八进制表示
＼ f	换页	＼ t	〈Tab〉键	＼ '	,
＼ n	换行	＼ v	垂直制表符	＼ "	"

2）单引号：由单引号括起来的字符都作为普通字符出现。

3）反引号：由反引号括起来的字符串被 shell 解释为命令行，在执行时，shell 会先执行该命令行，并以它的标准输出结果取代整个反引号部分。例如：

```
［root@ bogon ~］# echo 'pwd'
/root
［root@ bogon ~］# echo 'date'
Mon Jan 19 02:39:34 EST 2015
［root@ bogon ~］#
```

3．一般通配符

通配符用于模式匹配，如文件名匹配、字符串查找等，一般有以下4种：

"＊"匹配任意字符0或多次。例如，"d＊"可以匹配以 d 开头的任意字符串。

"？"匹配任意一个字符，如"d?"匹配 d3、dd 等。

"］"匹配该字符组限定的任何一个字符。其中字符组由直接给出的字符串组成或由"－"表示范围，如 d［a－g］与 d［abcdefg］作用相同。

"！"表示不在括号中列出的字符。例如，d［!1－9].c 表示以 d 打头，后面跟一个不是数字1～9 的".c"文件名。

4．模式表达式

模式表达式是包含一个或多个通配符的字符序列，其定义是递归的，功能强大且复杂，本书不再介绍。

5．注释

在 shell 编程中，编程人员经常对某些正文进行注释，以增加程序的可读性，规定以"#"开头的行是注释行。

2.3　shell 脚本的运行过程

用 shell 语言写成的命令执行序列称为 shell 脚本，shell 脚本文件的第一行通常会放置一行特殊的字符串，告诉操作系统使用哪个 shell 来执行这个文件。

如果脚本的前两个字符是"#!"，那么系统会将这两个字符后面的那些字符作为执行该脚本命令解释器的绝对路径名，该路径可以指定到任何程序的路径名，而不仅仅局限于 shell。

【例6-1】用 VI 编辑脚本文件 shell1，内容如下。

```
#! /bin/bash
#filename:shell1
echo "This is a shell program"
```

执行这个 shell 脚本可以有 3 种方法。

【例6-2】执行 shell1 脚本。

1）通过 chmod 命令把文件的权限设置成可读、可执行，然后直接执行该可执行文件。

```
[root@ bogon  ~ ]# ll shell1
- rw - r - - r - -  1 root root 61 Jan  5 21:34 shell1
[root@ bogon  ~ ]# chmod u + x shell1
[root@ bogon  ~ ]# ./shell1
This is a shell program
```

2）直接使用 shell 的启动方式来执行脚本。

```
[root@ bogon  ~ ]# bash shell1
This is a shell program
[root@ bogon  ~ ]#
```

3）使用 bash 内部命令（"source"或"."）运行 shell 脚本。

```
[root@ bogon  ~ ]# . shell1
This is a shell program
[root@ bogon  ~ ]# source shell1
This is a shell program
[root@ bogon  ~ ]#
```

2.4　shell 的变量类型

在 shell 中用变量存放字符串，shell 变量比 C 语言简单，没有存储类型，也不用先定义后赋值。

1. bash 变量的特点

1）bash 变量在引用时需要在变量前加"＄"符号，但在第一次赋值及 for 循环头部时不用加"＄"符号。

2）bash 变量的算术运算需要经过 let 或 expr 语句实现。

3）在变量赋值时，"＝"左右两边不能有空格，bash 语句的结束不加分号。

2. 用户自定义变量

用户自定义的变量是最普通的 shell 变量，变量名为字母或下画线开头的字母、数字和下画线序列，且大小写意义不同。定义变量并赋值的一般形式如下：

变量名 = 字符串

例如：

```
[root@ bogon  ~ ]# Country = "China"
[root@ bogon  ~ ]# echo  "my country is  $ Country"
my country is China
[root@ bogon  ~ ]#
```

3. 环境变量

环境变量决定了用户环境的外观。

1）HOME：用户主目录的全路径名。

注意：如果要使用环境变量或其他 shell 变量的值，必须在变量名之前加上一个"$"符号，如"cd $ HOME"，不能直接使用变量名。

2）PATH：变量 PATH 中定义了一些目录路径，路径由冒号分隔。

3）PWD：当前工作目录的绝对路径。它指出当前在 Linux 文件系统中处于什么位置。

4）SHELL：定义当前所使用的 shell 的解释器路径。

【例 6-3】输出 CentOS 5.4 中上述变量的值。

```
[root@ bogon  ~ ]# echo  $ HOME
/root
[root@ bogon  ~ ]# echo  $ PATH
/usr/kerberos/sbin:/usr/kerberos/bin:/usr/local/sbin:/usr/local/bin:/sbin:/bin:/usr/sbin:/usr/bin:/root/bin
[root@ bogon  ~ ]# echo  $ PWD
/root
[root@ bogon  ~ ]# echo  $ SHELL
/bin/bash
[root@ bogon  ~ ]#
```

4. 位置变量

位置变量是依据出现在命令上参数的位置来确定的变量，参数的位置定义如下。

```
#命令   参数 1   参数 2   参数 3…
$ 0      $ 1       $ 2       $ 3
```

【例 6-4】编辑 shell 脚本，名称为 shell2，其内容如下。

```
#filename:shell2
echo $ 0 $ 1 $ 2 $ 3 $ 4 $ 5
```

带位置参数执行 locat 程序。

```
[root@ bogon ~]# chmod u + x shell2
[root@ bogon ~]#./shell2 1 2 3 4 5
./shell2 1 2 3 4 5
```

2.5 shell 变量的输出与赋值

1. shell 变量的输出

命令格式如下:

```
echo $ name1 [ $ name2]
```

其中, $ name1、$ name2 表示输出的变量, 引用变量时需要在变量名前添加 " $ "符号。

例如, 从标准读入变量 VARNUMBER1、VARNUMBER2 的值, 通过 echo 命令显示输出变量的值。

```
[root@ localhost ~]#read   VARNUMBER1   VARNUMBER2
aaa bbb
[root@ localhost ~]#echo    $ VARNUMBER1
aaa
[root@ localhost ~]#echo    $ VARNUMBER2
bbb
```

2. 使用 read 命令赋值

read 命令是一个内置命令, 可以从标准输入设备或文件读取数据。read 命令读取一个输入行直到遇到一个换行符为止。命令格式如下:

```
read   变量1   变量2…
```

【例6-5】编辑 shell 脚本, 名称为 shell3, 内容如下。

```
#! /bin/bash
#filename:shell3
echo - n "please input a name"
read name
echo "your input name is : $ name"
```

执行过程如下:

```
[root@ bogon ~]# chmod u + x shell3
[root@ bogon ~]#./shell3
please input a nameZhangSan
your input name is :ZhangSan
[root@ bogon ~]#
```

3. 直接给变量赋值

在 shell 程序中, 定义变量的同时可以直接给变量赋值。变量名前不应加 " $ ", 且等号前后不可有空格。

【例 6-6】 编辑脚本 shell4，其内容如下。

在下面脚本程序 resume 中，定义了变量 NAME、GENDER，并依次赋值 "Sulivan"
"male"，最后通过 echo 命令显示输出变量的值。

```
#! /bin/bash
#filename：shell4
NAME = Sulivan
GENDER = male
echo "name： $ NAME"
echo "gender： $ GENDER"
```

执行程序 shell4，显示结果如下：

```
[root@ bogon ~]# chmod u + x shell4
[root@ bogon ~]# ./shell4
name： Sulivan
gender： male
[root@ bogon ~]#
```

4. 使用命令行参数赋值

用户可以通过使用命令行参数对位置变量赋值。

【例 6-7】 编辑脚本 shell5，其内容如下。

```
#! /bin/bash
#filename：shell5
echo "program name ： $ 0"
echo "you first argument is ： $ 1"
echo "you second argument is ： $ 2"
```

执行脚本，程序显示结果如下：

```
[root@ bogon ~]# chmod u + x shell5
[root@ bogon ~]# ./shell5 555 666
program name ： ./shell5
you first argument is ： 555
you second argument is ： 666
```

2.6　shell 的算术运算

shell 没有内置的算术运算符号，不能直接做加、减、乘、除运算。

1. expr 命令

expr 命令是一个表达式处理命令，当计算算术运算表达式时，系统可以执行简单的整
数运算，有 +、-、*、/、% 等相关操作。

【**例 6-8**】在 shell 提示符下执行如下命令。

```
[root@ bogon ~ ]# a = 5
[root@ bogon ~ ]# a = 'expr $ a + 1'  //注意赋值号右边为反引号，并且运算符 + 左右各有一空格
[root@ bogon ~ ]# echo $ a
6
[root@ bogon ~ ]#
```

2. let 命令

let 语句不需要在变量前面加 "$"，但必须将单个或带有空格的表达式用双引号引起来。

【**例 6-9**】使用 let 命令完成简单的算术运算。

```
[root@ localhost ~ ]#x = 100
[root@ localhost ~ ]#let "x = x + 1"
[root@ localhost ~ ]#echo $ x
101
```

2.7 shell 的条件测试语句

条件测试有两种形式：test 命令和一对方括号。这两种形式等价，命令格式如下：

```
test   expression
```

或者

```
[ expression ]
```

test 命令用于检查某个条件是否成立，可以和多种运算符联合使用，这些运算符有文件属性及权限测试运算符、字符串测试运算符、数值测试运算符和逻辑运算符，测试符及相应功能见表 6-2。

表 6-2 test 命令测试表

文 件 测 试	数 值 测 试	字符串测试
- e 文件名：如果存在则为真	- lt：小于则为真	= ：等于则为真
- r 文件名：如果文件存在且可读则为真	- le：小于或等于则为真	! = ：不等于则为真
- w 文件名：如果文件存在且可写则为真	- eq：等于则为真	- z：字符串长度为 0 则为真
- d 文件名：如果文件存在且为目录则为真	- ne：不等于则为真	- n：字符串长度不为 0 则为真
- f 文件名：如果文件存在且为普通文件则为真	- gt：大于则为真	
	- ge：大于或等于则为真	

（1）文件测试

【例 6-10】检查指定的文件是否为目录。

```
[root@ bogon ~]# pwd
/root
[root@ bogon ~]# ll
total 97992
- rw ------- 1 root root        1380 Sep 29 15:01 anaconda - ks. cfg        //不是目录文件
drwxr - xr - x 2 root root       4096 Sep 29 15:29 Desktop
- rw - r -- r -- 1 root root     35787 Sep 29 15:01 install. log
- rw - r -- r -- 1 root root      5966 Sep 29 15:01 install. log. syslog
- r -- r -- r -- 1 root root 100169388 Sep 29 16:03 VMwareTools - 7. 8. 4 - 126130. tar. gz
drwxr - xr - x 7 root root       4096 Oct 28  2008 vmware - tools - distrib
[root@ bogon ~]# test   - d  anaconda - ks. cfg
[root@ bogon ~]# echo  $?            //返回测试结果
1                      //结果为假
[root@ bogon ~]#
```

在目录/root 下测试文件 anaconda - ks. cfg 的属性，用 ll 命令显示列表时可以看到这个文件是一个普通文件，不是目录文件，因此用 test 命令测试这个文件是否为目录时，结果应为假。用命令"echo ＄?"返回测试结果，其中 0 代表真，1 代表假。

（2）字符串测试

【例 6-11】判断两个字符串是否相同。

```
[root@ bogon ~]# test   china = china            //注意=号两边的空格
[root@ bogon ~]# echo  $?
0
[root@ bogon ~]# test   china = China
[root@ bogon ~]# echo  $?
1
[root@ bogon ~]#
```

【例 6-12】判断变量与字符串是否相同。

```
[root@ bogon ~]# a = china
[root@ bogon ~]# test $a = china
[root@ bogon ~]# echo  $?
0
[root@ bogon ~]# test $a = China
[root@ bogon ~]# echo  $?
1
[root@ bogon ~]#
```

【例 6-13】字符串长度是否为 0 测试。

```
[root@ bogon ~]# a = "china"
```

```
[ root@ bogon ～ ]# test － n  ″ $ a″
[ root@ bogon ～ ]# echo $ ?
0
[ root@ bogon ～ ]# a = ″″
[ root@ bogon ～ ]# test － n  ″ $ a″
[ root@ bogon ～ ]# echo $ ?
1
[ root@ bogon ～ ]#
```

（3）数值测试

【例 6-14】判断两个数值的大小。

```
[ root@ bogon ～ ]# x1 = 5
[ root@ bogon ～ ]# x2 = 10
[ root@ bogon ～ ]# test  $ x1   － eq   $ x2
[ root@ bogon ～ ]# echo   $ ?
1
[ root@ bogon ～ ]# test  $ x1   － lt   $ x2
[ root@ bogon ～ ]# echo   $ ?
0
[ root@ bogon ～ ]#
```

2.8　shell 的流程控制语句

1. shell 的条件语句 if

条件语句是 shell 编程中最简单、最基本的控制结构，系统根据对条件的判断来决定执行哪一组命令。命令格式如下：

```
if  表达式
then                //当条件表达式为真时，执行命令表 1
    命令表 1
else                //当条件表达式为假时，执行命令表 2
    命令表 2
fi
```

其他如 if 语句嵌套本书没有涉及。

【例 6-15】编辑 shell 脚本 test1，判断/root 目录下的文件 anaconda － ks. cfg，如果这是一个普通文件，输出 "this is a common file"，反之输出 "this is not a common file"。

```
[ root@ bogon ～ ]# vi test1
#! /bin/bash
#filename：test1
if [ － f $ 1 ]
then
    echo ″this is a common file″
```

```
else
    echo "this is not a common file"
fi
```

程序执行过程如下：

```
[root@ bogon ~]# ll
total 97996
- rw ------- 1 root root          1380 Sep 29 15:01 anaconda - ks. cfg
drwxr - xr - x 2 root root         4096 Sep 29 15:29 Desktop
- rw - r - - r - - 1 root root    35787 Sep 29 15:01 install. log
- rw - r - - r - - 1 root root     5966 Sep 29 15:01 install. log. syslog
- rw - r - - r - - 1 root root      122 Jan 19 03:53 test1
- r - - r - - r - - 1 root root 100169388 Sep 29 16:03 VMwareTools - 7. 8. 4 - 126130. tar. gz
drwxr - xr - x 7 root root         4096 Oct 28   2008 vmware - tools - distrib
[root@ bogon ~]# chmod   + x   test1
[root@ bogon ~]# ./test1   anaconda - ks. cfg              //这里 anaconda - ks. cfg 是 $1
this is a common file
[root@ bogon ~]#
```

2. shell 的多分支控制语句 case

case 类似于 C 语言中的 switch 语句，用于多分支控制，命令格式如下：

```
case  变量  in
选项1)命令表1
;;
选项2)命令表2
;;
…
选项n)命令表n
;;
esac
```

【例 6-16】 编辑 shell 脚本 test2，使之执行时从键盘上输入 1 ~ 7 的一个数字，程序将数字转换为星期一到星期日的缩写，如果不是这个范围内的数字，则给出错误提示。

```
[root@ bogon ~]# vi test2
#! /bin/bash
#filename:test2
number = $1
case $number in
1)echo Mon;;
2)echo Tue;;
3)echo Wed;;
4)echo Thu;;
```

```
5）echo Fri;;
6）echo Sat;;
7）echo Sun;;
 *）echo "Wrong";;
esac
```

程序的执行如下：

```
[root@ bogon  ~ ]# chmod  + x  test2
[root@ bogon  ~ ]#./test2  2
Tue
[root@ bogon  ~ ]#./test2  5
Fri
[root@ bogon  ~ ]#./test2  12
Wrong
[root@ bogon  ~ ]#
```

3. shell 的 for 循环语句

for 循环的命令格式如下：

```
for  变量名   in   变量表
do
命令表
done
```

其中，变量名是所使用循环变量的名字，变量表是变量的取值范围，同时也决定了循环执行的次数，do 和 done 之间的命令表称为循环体。

变量名可以是用户选择的任意字符串，如果变量名为 var，则在 in 之后给出的数值将顺序替换循环命令列表中的 $var。

【例 6-17】 编辑 shell 脚本 test3，打印数字 1～10。

```
[root@ bogon  ~ ]# vi   test3
#! /bin/bash
#filename:test3
for i in 1 2 3 4 5 6 7 8 9 10
do
echo  $ i
done
```

程序的执行过程如下：

```
[root@ bogon  ~ ]# chmod  + x test3
[root@ bogon  ~ ]#./test3
1
2
3
```

```
4
5
6
7
8
9
10
［root@ bogon  ~］#
```

【例 6-18】 编辑 shell 脚本 test4，把/root 目录下编辑的 test1、test2、test3 移动到/etc
目录下。

```
［root@ bogon  ~］# vi test4
#！/bin/bash
FILES = 'ls /root/test * '
for var in  $ FILES
do
mv  $ var /etc/
done
```

脚本的运行过程如下：

```
［root@ bogon  ~］# pwd
/root
［root@ bogon  ~］# chmod  + x test4
［root@ bogon  ~］# ls test *  - l
 - rwxr - xr - x 1 root root 122 Jan 19 03 :53 test1
 - rwxr - xr - x 1 root root 167 Jan 19 04 :05 test2
 - rwxr - xr - x 1 root root  74 Jan 19 06 :08 test3
 - rwxr - xr - x 1 root root  75 Jan 19 07 :45 test4
［root@ bogon  ~］# ./test4
［root@ bogon  ~］# ls /etc/test *  - l
 - rwxr - xr - x 1 root root 122 Jan 19 03 :53 /etc/test1
 - rwxr - xr - x 1 root root 167 Jan 19 04 :05 /etc/test2
 - rwxr - xr - x 1 root root  74 Jan 19 06 :08 /etc/test3
 - rwxr - xr - x 1 root root  75 Jan 19 07 :45 /etc/test4
［root@ bogon  ~］#
```

4. shell 的 while 循环语句

命令格式如下：

```
while  表达式
do
命令表
done
```

当表达式为真时，进入循环体，执行命令表，执行完后再次对表达式测试：如果为真，继续执行；如果为假，则跳出循环。

【例 6-19】 编写 shell 脚本 test5，打印出 1~9 每个数的立方值。

```
[root@ bogon ~]# vi test5
#! /bin/bash
#filename:test5
i = 1
while test $i -le 9
do
s = 'expr $i \* $i \* $i'
echo "$i    $s"
i = 'expr $i + 1'
done
```

脚本执行过程如下：

```
[root@ bogon ~]# chmod + x test5
[root@ bogon ~]# ./test5
1    1
2    8
3    27
4    64
5    125
6    216
7    343
8    512
9    729
[root@ bogon ~]#
```

5. shell 的 until 循环语句

until 与 while 语句类似，但测试条件不同，当条件为假时执行循环体，命令格式如下：

```
until    测试条件
do
命令表
done
```

【例 6-20】 将例 6-19 改为 until 循环。

```
[root@ bogon ~]# vi test5
#! /bin/bash
#filename:test5
i = 1
until test $i -gt 9
do
```

```
s ='expr $ i \ *   $ i \ *   $ i'
echo " $ i   $ s"
i ='expr $ i + 1'
done
```

执行过程及结果同例6-19。

项目小结

shell 是 Linux 系统下用户和内核进行交换的界面，通过终端窗口下提供的 shell，用户可以输入让系统执行的命令，结果也会通过 shell 传递给用户。

shell 不仅是一个命令解释器，也是一种编程语言。任何编程语言都有对变量的定义。变量是计算机内存中被命名的存储位置，其中存放数字、字母或字符串。变量指向的数据为变量的值，可以是数字、文本、文件名、设备或者其他类型的数据。变量为用户提供了一种存储、检索和操作数据的途径。

shell 变量提供了对数据、字符和文件的条件测试：测试的结果值为 0，表示条件为真；若值为非 0，表示条件为假。其脚本编程基本的控制语句有 if 语句、case 语句、while 语句、until 语句和 for 语句等。

项目 7　Linux 下的用户管理

Linux 是一个多用户的操作系统，任何使用系统资源的用户，必须拥有用户账号，其账号和密码保存在系统配置文件中。

1.1　用户的基本概念

1）用户：在 Linux 系统中，用户是私有的账号，用户名是用来标识用户的身份。

2）用户 ID：标识用户的数字，称为 UID。任何用户都被分配一个唯一的 UID，超级用户 root 的 UID 为 0，而普通用户的 UID 大于或等于 500，系统用户的 UID 介于 1 ~ 499 之间。

3）用户主目录：系统为每个用户配置的单独使用环境，即用户登录系统后最初所在的目录，用户的文件都放置在此目录下。

1.2　用户分类

Linux 有 3 类用户，分别是普通用户、超级用户和系统用户。

1）普通用户：大多数用户都属于普通用户，只能操作其拥有权限的文件和目录、管理自己启动的程序。

2）超级用户：拥有 root 权限的用户，具有最大的权限。

3）系统用户：与系统服务相关的用户，如 Apache 网络服务器创建的系统用户为 apache。

1.3　用户账号配置文件

1. /etc/passwd 文件

在 Linux 系统中，所有用户的账号信息都存在 /etc/passwd 文件中，这个文件对所有用户是可读的，用 cat 显示文件的内容如下：

```
#cat /etc/passwd
root:x:0:0:root:/root:/bin/bash
bin:x:1:1:bin:/bin:/sbin/nologin
daemon:x:2:2:daemon:/sbin:/sbin/nologin
adm:x:3:4:adm:/var/adm:/sbin/nologin
```

```
lp:x:4:7:lp:/var/spool/lpd:/sbin/nologin
sync:x:5:0:sync:/sbin:/bin/sync
shutdown:x:6:0:shutdown:/sbin:/sbin/shutdown
…
```

passwd 文件的每一行表示一个账号数据，每个账号有 7 栏，各栏之间用 "："分隔，命令格式如下：

账号名称：密码：UID：GID：用户名描述：主目录：默认 shell

（1）账号名称

登入系统时使用的名称，在同一个系统中，登录名是唯一且大小写有区别的。

（2）密码

登入密码，该栏如果是一串乱码，表示口令已经加密。如果是 X，表示密码经过 shadow password（影子口令）保护，将/etc/shadow 作为真正的口令文件，只有超级用户才有权读取。如果第一个字段为 "＊"，则表示该账号被停止使用，系统不允许该账号的用户登录。

（3）UID（用户号）

每个用户账号都有一个唯一的识别号码用于标识。

（4）GID（群组号）

Linux 中每个组账号都有一个唯一的识别号码，具有相似属性的多个用户可以被分配到同一个组中。

（5）用户名描述

描述中包括有关用户的一些注释信息，如用户的真实姓名、联系电话和办公室住址等，可为空。

（6）Home directory

用户的主目录，通常是/home/username（这里 username 代表真实的用户名称，如 user1）。root 用户的主目录为/root。

（7）Default shell

用户登录后使用的 shell 环境，预设为 bash，系统中也有其他类型的 shell。shell 可简单理解为用户操作的一个界面，用户能够在这个界面上输入命令或用鼠标操作 Linux 系统。

2. /etc/shadow 文件

和用户配置有关的另一个文件是/etc/shadow，它主要是为了增加口令的安全性，在默认情况下，这个文件只有 root 用户可以读取，其内容如下：

```
#cat /etc/shadow
root:$1$EaZ8TzJd$BDhA.PSJ/VOP0hRr9eM8x0:15426:0:99999:7:::
bin:*:15426:0:99999:7:::
daemon:*:15426:0:99999:7:::
adm:*:15426:0:99999:7:::
```

```
lp：*：15426：0：99999：7：：
sync：*：15426：0：99999：7：：：
shutdown：*：15426：0：99999：7：：
…
```

1.4　相关的操作命令

1. 添加用户账号命令 useradd

命令格式如下：

```
useradd  [options] <username>
```

常用 options 选项的说明如下。

-c：用户的注释信息。

-d：设置用户主目录，默认值为用户的登录名，并放在/home 目录下。

-s：设定用户使用的登录 shell 类型，默认为/bin/bash。

-u：设置用户 ID，默认为上一个用户 ID 加 1。

【例 7-1】 以系统默认值创建用户 user1。

```
[root@ bogon  ~]# useradd  user1                  //增加用户 user1
[root@ bogon  ~]# tail   -n  1 /etc/passwd              //passwd 文件增加的内容
user1：x：500：500：：/home/user1：/bin/bash
[root@ bogon  ~]#
```

【例 7-2】 创建用户 user2，主目录放在/var/目录中，用户描述为 "user2's account"，UID 为 1000，使用的 shell 为/bin/csh。

```
[root@ bogon  ~]# useradd  user2   -u  1000   -d  /var/user2   -c  "user2's account"  -s  /bin/csh
[root@ bogon  ~]# tail   -n  1   /etc/passwd
user2：x：1000：1000：user2's account：/var/user2：/bin/csh
[root@ bogon  ~]#
```

2. 改变账号密码命令 passwd

命令格式如下：

```
passwd [options]  <username>
```

功能：设置或更改账号密码，该命令可由 root 或希望修改自己密码的用户执行。

常用 options 选项的说明如下。

-d：删除用户的口令，则该用户账号无须口令即可登录系统，但对于 Linux 系统，建议每一个用户都设置密码。

-l：锁定指定的用户账号，必须解除锁定才能继续使用。

-u：解除指定用户账号的锁定。

【例 7-3】 新建用户 user1，分别使用以上选项执行 passwd 命令，显示命令执行后的结果（其中//后表示编者注释，在操作时不用输入）。

```
[root@ localhost ~ ]# useradd    user1           //增加用户 user1
[root@ localhost ~ ]# tail   - n  1  /etc/passwd;tail  - n  1  /etc/shadow   //使用 tail 命令显示 passwd 文件
                                                                      //的最后一行，两个命令用";"分隔

user1 :x:1001:1001::/home/user1 :/bin/bash
user1 :!!:15443:0:99999:7:::
[root@ localhost ~ ]# passwd user1           //改变用户 user1 的密码
[root@ localhost ~ ]# tail   - n  1  /etc/passwd;tail  - n  1  /etc/shadow
user1 :x:1001:1001::/home/user1 :/bin/bash
user1 : $ 1 $ 0xG3LHXl $ xes. AIuK7ZCWx4BQk. HtS0:15443:0:99999:7:::
[root@ localhost ~ ]# passwd   - l  user1       //锁定 user1
[root@ localhost ~ ]# tail   - n  1  /etc/passwd;tail  - n  1  /etc/shadow
user1 :x:1001:1001::/home/user1 :/bin/bash
user1 :!! $ 1 $ 0xG3LHXl $ xes. AIuK7ZCWx4BQk. HtS0:15443:0:99999:7:::
[root@ localhost ~ ]# passwd   - u  user1       //解锁 user1
[root@ localhost ~ ]# tail   - n  1  /etc/passwd;tail  - n  1  /etc/shadow
user1 :x:1001:1001::/home/user1 :/bin/bash
user1 : $ 1 $ 0xG3LHXl $ xes. AIuK7ZCWx4BQk. HtS0:15443:0:99999:7:::
[root@ localhost ~ ]# passwd   - d  user1        //删除 user1 的密码，使其不输入密码即可登录系统
[root@ localhost ~ ]# tail   - n  1  /etc/passwd;tail  - n  1  /etc/shadow
user1 :x:1001:1001::/home/user1 :/bin/bash
user1 ::15443:0:99999:7:::
```

3. 改变用户属性命令 usermod

命令格式如下：

usermod[options] < username >

功能：改变用户的属性，其中 usermod 命令支持 useradd 的所有选项。

其他常用选项的说明如下。

-l：改变用户的登录名称。

【例 7-4】将 user2 用户名改为 user3，用户的其他信息不变。

```
[root@ localhost ~ ]# useradd user2
[root@ localhost ~ ]# tail - n 1 /etc/passwd
user2 :x:1002:1002::/home/user2 :/bin/bash
[root@ localhost ~ ]# usermod - l user3 user2
[root@ localhost ~ ]# tail - n 1 /etc/passwd
user3 :x:1002:1002::/home/user2 :/bin/bash
```

4. 删除用户命令 userdel

命令格式如下：

userdel[options] < username >

常用选项的说明如下。

－r：删除账号时，连同账号主目录一起删除。

【例7-5】删除用户 tom 及其拥有的所有资源。

［root@ localhost ～］# userdel －r tom　//这个操作同时删除了建立用户时建立的目录/home/tom

5．切换用户身份命令 su

命令格式如下：

su［options］＜other－username＞

功能：在不同用户之间切换，为了切换为 other－username，用户需要知道 other－username 的密码，但 root 用户除外。

常用 options 选项的说明如下。

－：使 Shell 成为登录 Shell。

－c：运行指定命令，然后返回。

【例7-6】切换不同的用户（//后为编者注释）。

［root@ localhost ～］#su －c ls root　//变更账号为 root 并在执行 ls 指令后退出变回原使用者
［root@ localhost ～］#su － clsung　//变更账号为 clsung 并改变工作目录至 clsung 的主目录

任务2　图形界面下的用户管理

除在终端窗口用命令形式管理以外，Linux 还提供了图形界面来管理用户。

1．用户和组配置

在 CentOS 5.4 系统中，选择"系统"→"管理"→"用户和组"命令，打开用户和组群管理工具，如图7-1所示。

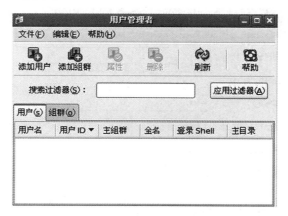

图7-1　图形界面的用户管理器

切换至"用户"选项卡，可以查看本地用户的列表；还可以在"搜索过滤器"文本框内输入名称的前几个字符，以查找特定的用户。

2. 添加新用户

单击图 7-1 中的 "添加用户" 按钮，出现如图 7-2 所示的窗口。输入 "用户名" 和 "口令"（至少包含 6 个字符），选择 "登录 Shell"。如果选择了创建主目录，默认的配置文件就会从/etc/skel目录复制到新的主目录中。

在该窗口中可为用户指定 UID，如果没有指定，则新建用户的 UID 是上一个普通用户的 UID 加 1，初始普通用户的 UID 为 500。

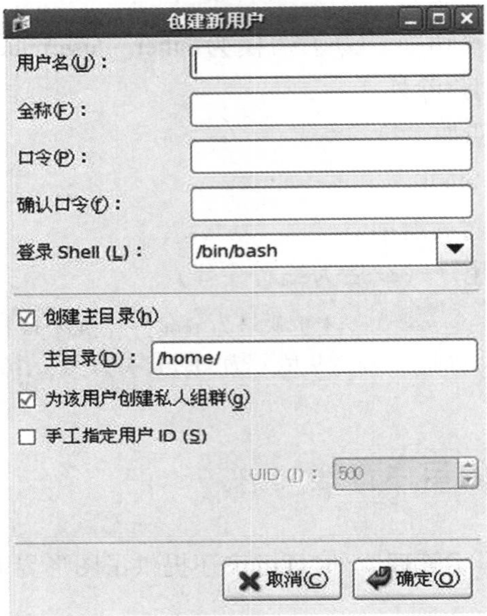

图 7-2　添加新用户

选择添加后的用户如 user 1，单击工具面板上的 "属性" 按钮，弹出如图 7-3 所示的窗口。

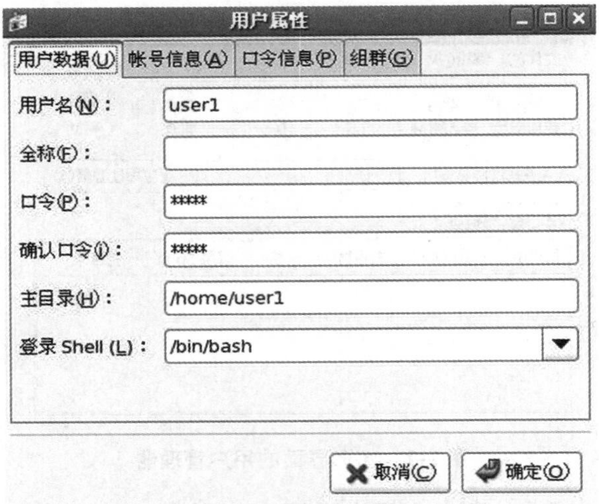

图 7-3　修改用户属性

1）用户数据：显示添加用户时配置的基本用户信息。在这里可以改变用户的"全称""口令""主目录"或"登录 Shell"。

2）账号信息：如果让账号到达某一固定日期时过期，选择启用账号过期，然后输入日期；勾选"本地口令被锁"复选框可以锁住用户账号，使用户无法登录系统。

3）口令信息：该选项卡显示了用户口令最后一次被改变的日期。强制用户在一定天数之后改变口令，选择启用口令过期。它还可以设置允许用户改变口令之前要经过的天数、用户被警告去改变口令之前要经过的天数、以及账号变为不活跃之前要经过的天数。

4）组群：选择用户要加入的组群以及用户的主要组群。

项目小结

用户账号的管理是 Linux 系统工作中最重要的一部分，而账号管理是指账号的添加、删除、修改、设置以及权限授予。用户账号可以帮助系统管理员记载使用系统的人，并控制他们对系统资源的存取。

本项目介绍了 Linux 用户管理的基本知识，对用户操作的基本命令以及用图形界面对 Linux 用户进行管理。

项目 8　Linux 下的进程与作业管理

任务 1　学习 Linux 的运行级别

运行级别是 Linux 运行状态的一种配置，不同的运行级别下系统启动的应用程序和向用户提供的功能有所不同。

1.1　Linux 的运行级别

Linux 系统默认的运行级别有 7 个，分别是 0~6。

1）runlevel 0：关闭系统操作。

2）runlevel 1：单用户模式。

3）runlevel 2：允许系统进入多用户的模式，这种模式很少应用。

4）runlevel 3：最常用的运行模式，主要用来提供真正的多用户模式，也是多数服务器的缺省模式。

5）runlevel 4：一般不被系统使用，用户可以自定义系统状态并将其应用到 runlevel 4。

6）runlevel 5：图形界面工作模式。

7）runlevel 6：关闭所有运行的进程并重新启动系统。

【例 8-1】在 CentOS 5.4 的终端提示符窗口中，分别输入以下命令并按〈Enter〉键，查看系统的反应过程。

```
[root@ localhost  ~ ]# init 0
[root@ localhost  ~ ]# init 1
[root@ localhost  ~ ]# init 2
[root@ localhost  ~ ]# init 3
[root@ localhost  ~ ]# init 4
[root@ localhost  ~ ]# init 5
[root@ localhost  ~ ]# init 6
```

1.2　Linux 的运行级别配置文件

Linux 运行级别的配置是在/etc/inittab 文件内指定的，它决定了当用户登录时，系统为该用户提供何种服务。

inittab 文件是以行为单位的，每一行内容的格式如下。

```
id:runlevels:action: command
```

各字段之间用冒号分隔，共同确定某个进程在哪些运行级别以何种方式运行。例如：

i2：2：wait：/etc /init. d /rc 2。

各字段解释如下。

1）id：一个任意指定的四个字符以内的序列标号，在本文件内必须唯一。

2）runlevels：表示该行的状态标识符，代表 init 进程的运行状态，Linux 中规定取值范围是 0 ~ 6。

3）action：表示进入对应的 runlevel 时，init 应该运行 command 字段的命令方式。

4）command：init 进程要执行的 shell 命令或者可执行文件。

下面是 CentOS 5.4 的 inittab 配置文件的实例，重要信息请参考注释，部分内容省略。

```
# Default runlevel. The runlevels used by RHS are：
#    0 – halt（Do NOT set initdefault to this）
#    1 – Single user mode
#    6 – reboot（Do NOT set initdefault to this）
# 指定系统启动时装入的缺省运行级别，本例为 5
id：5：initdefault：

# 定义按〈Ctrl + Alt + Del〉组合键时要执行的命令：重启系统（shutdown）
# Trap CTRL – ALT – DELETE
ca：：ctrlaltdel：/sbin/shutdown – t3 – r now

# 在 2、3、4、5 级别上以 ttyN 为参数执行/sbin/mingetty 脚本，打开 ttyN 终端用于用户登录，如果进程退出则再次运行 mingetty 脚本（respawn）
# Run gettys in standard runlevels
1：2345：respawn：/sbin/mingetty tty1
2：2345：respawn：/sbin/mingetty tty2
3：2345：respawn：/sbin/mingetty tty3
4：2345：respawn：/sbin/mingetty tty4
5：2345：respawn：/sbin/mingetty tty5
6：2345：respawn：/sbin/mingetty tty6

# 定义在运行级别 5 时，启动 X Window
x：5：respawn：/etc/X11/prefdm – nodaemon
```

任务 2 Linux 下的进程与作业管理

2.1 Linux 下的进程

Linux 下的用户运行一个任务时，系统就会启动一个进程。进程和程序的概念不同，下面是对这两个概念的比较。

1）程序只是一个静态的指令集合；进程是一个程序的动态执行过程。

2）进程是资源申请、调度和独立运行的单位，它使用系统中的运行资源；程序不占用系统的运行资源。

3）程序和进程无一一对应的关系，一个程序可以由多个进程所共用，即一个程序在运行过程中可以产生多个进程。

2.2　Linux 下的作业

正在执行的一个或者多个相关进程被称为作业。一个作业可以包含一个或者多个进程，比如当前使用了管道和重定向命令时，该作业就包含了多个进程，如：

```
[ root@ localhost ~ ]# ls  -l | grep "^d" | wc  -l
```

在这个例子中，作业"ls -l ｜ grep "^d" ｜ wc -l"就同时启动了三个进程，它们分别是 ls、grep、wc。

作业可以分为两类：前台作业和后台作业。前台作业运行于前台，与用户进行交互操作；后台作业运行于后台，不直接与用户交互，但可以输出执行结果。

2.3　Linux 下进程的相关概念

1. 进程标识

Linux 系统中总是有很多进程同时在运行，系统根据进程号（PID）区分不同的进程。系统启动后的第一个进程是 init，它的 PID 为 1，称为系统祖先程序。它用来产生其他进程，除了 init 之外，每一个进程都有父进程。用命令显示进程如下：

```
[ root@ localhost ~ ]# ps  - aux
Warning：bad syntax, perhaps a bogus ' – '? See /usr/share/doc/procps – 3. 2. 7/FAQ
```

USER	PID	%CPU	%MEM	VSZ	RSS	TTY	STAT	START	TIME	COMMAND
root	1	0.0	0.1	2068	652	?	Ss	11:24	0:01	[init [5]
root	2	0.0	0.0	0	0	?	S <	11:24	0:00	[migration/0]
root	3	0.0	0.0	0	0	?	SN	11:24	0:00	[ksoftirqd/0]
root	4	0.0	0.0	0	0	?	S <	11:24	0:00	[watchdog/0]
root	5	0.0	0.0	0	0	?	S <	11:24	0:00	[events/0]
root	6	0.0	0.0	0	0	?	S <	11:24	0:00	[khelper]
root	7	0.0	0.0	0	0	?	S <	11:24	0:00	[kthread]
root	10	0.0	0.0	0	0	?	S <	11:24	0:00	[kblockd/0]
root	11	0.0	0.0	0	0	?	S <	11:24	0:00	[kacpid]
root	176	0.0	0.0	0	0	?	S <	11:24	0:00	[cqueue/0]
root	179	0.0	0.0	0	0	?	S <	11:24	0:00	[khubd]
root	181	0.0	0.0	0	0	?	S <	11:24	0:00	[kseriod]
root	244	0.0	0.0	0	0	?	S	11:24	0:00	[pdflush]
root	245	0.0	0.0	0	0	?	S	11:24	0:00	[pdflush]

在输出的内容中可以看到进程 init 的 PID 为 1，是所有进程的父进程。

此外，pstree 命令也可以用于显示进程的树状结构。

```
[root@ bogon ~]# pstree
init─┬─crond
     ├─dhclient
     ├─events/0
     ├─gpm
     ├─khelper
     ├─klogd
     ├─ksoftirqd/0
     ├─kthread─┬─aio/0
     │         ├─ata/0
     │         ├─ata_aux
     │         ├─cqueue/0
     │         ├─kacpid
     │         ├─kauditd
     │         ├─kblockd/0
     │         ├─kgameportd
     │         ├─khubd
     │         ├─2 * [kjournald]
     │         ├─kmpath_handlerd
     │         ├─kmpathd/0
     │         ├─kpsmoused
     │         ├─kseriod
     │         ├─ksnapd
     │         ├─kstriped
     │         ├─kswapd0
     │         ├─mpt_poll_0
     │         ├─2 * [pdflush]
     │         ├─scsi_eh_0
     │         ├─vmhgfs
     │         └─vmmemctl
     ├─login───bash
     ├─migration/0
     ├─5 * [mingetty]
     ├─sshd───sshd───bash───pstree
     ├─syslogd
     ├─udevd
     ├─vmware - guestd
     ├─watchdog/0
     ├─xfs
     └─xinetd
[root@ bogon ~]#
```

从 pstree 命令的输出显示更容易判断进程之间的父子关系。

2．进程的类型

Linux 系统中的进程可以分为 3 种不同的类型。

1）交互进程：在终端由 shell 启动的进程。交互进程既可以在前台运行，也可以在后台运行。

2）批处理进程：用于将多条进程顺序执行。

3）守护进程：在 Linux 在启动时初始化、需要时运行于后台的进程，看护服务程序。

3．Linux 下的常见进程

CentOS 5.4 下的常见进程及其作用见表 8-1。

表 8-1   Linux 下常见进程

进 程 名 称	进 程 作 用
apmd	监视系统用电状态，并将相关信息写入日志
atd	运行用户 at 调度的任务
crond	周期性运行用户调度的任务
gpm	提供鼠标支持和控制台鼠标的复制、粘贴
kudzu	硬件检查
cups	系统打印守护程序
network	激活/关闭启动时的各个网络接口
sshd	OpenSSH 服务器守护进程

2.4 Linux 下进程的启动方式

启动一个进程有两个主要途径：手工启动和调度启动。

1．手工启动

由用户输入命令，直接启动一个进程便是手工启动进程。手工启动进程又可以分为前台启动和后台启动。

1）前台启动：手工启动一个进程的最常用方式。一般地，用户键入一个命令如"ls -l"，这就已经启动了一个进程，而且是一个前台的进程。例如：

```
[root@ localhost  ~ ]# ls  -l
总计 8
- rw - r - - r - - 1 root root    22 01 - 05 16:15 anaconda - ks. cfg
drwxr - xr - x 2 root root 4096 01 - 06 09:33 Desktop
[root@ localhost  ~ ]# pwd
/root
[root@ localhost  ~ ]#
```

2）后台启动：假设用户要启动一个需要长时间运行的进程，就可以使用后台启动，在命令行后使用"&"命令。例如：

```
［root@ localhost ～］# ls －R／ ＞ list &  //把根目录下的目录含子目录列表保存到 list 文件
［1］5010
［root@ localhost ～］#
```

2．调度启动

调度启动是指系统按照用户的事先设置，在特定的时间或者周期性地执行指定进程，在 Linux 中可以实现 at 调度、batch 调度和 cron 调度。

2.5　查看系统的进程与作业

1．进程查看

要对系统中的进程进行监测和控制，首先就要了解进程的当前运行情况，即查看进程。在 Linux 中，使用 ps 命令对进程进行查看。命令格式如下：

```
ps［options］
```

其中，options 是命令执行时的选项。常用的选项说明见表8-2。

表8-2　ps 命令常用选项说明

选　　项	说　　明
－a	显示当前控制终端的所有进程
－u	显示进程的用户名和启动时间等信息
－x	显示没有控制终端的进程

【例8-2】查看当前用户在当前控制台上启动的进程。

```
［root@ localhost ～］# ps
  PID TTY          TIME CMD
4409 pts/2    00：00：00 bash
5011 pts/2    00：00：00 ps
［1］＋   Done                         ls －－color＝tty －R／ ＞ list
```

其中，显示信息的解释如下。

1）PID：表示进程号。

2）TTY：进程从哪个终端启动。

3）TIME：进程自从启动以来占用 CPU 的总时间。

4）CMD：表示正在执行的进程或者命令。

【例8-3】显示当前控制台上运行进程的详细信息。

```
[ root@ localhost ~ ]# ps -l                 //用 l 选项列出详细信息
F S   UID   PID   PPID  C PRI  NI ADDR SZ WCHAN   TTY            TIME CMD
4 S     0  4409  4406  0  75   0   -  1411 wait    pts/2      00:00:00 bash
4 R     0  5012  4409  0  78   0   -  1330   -     pts/2      00:00:00 ps
[ root@ localhost ~ ]#
```

该命令使用 -l 选项，除了显示例 8-2 中显示的四个部分之外，另外还有以下几个标志。

1）F：该进程状态的标记。

2）S：进程状态代码，主要有 4 种，R 表示 Run（运行）、S 表示 Sleep（睡眠）、T 表示 Terminate（终止）、Z 表示 Zombie（僵死）。

3）UID：进程执行者的 ID。

4）PPID：父进程的进程 ID。

【例 8-4】查看系统中每位用户的全部进程，部分显示内容省略。

```
[ root@ localhost ~ ]# ps -aux                 //选项为 a、u、x
Warning: bad syntax, perhaps a bogus '-'? See /usr/share/doc/procps-3.2.7/FAQ
```

USER	PID	%CPU	%MEM	VSZ	RSS TTY	STAT	START	TIME COMMAND
root	1	0.0	0.1	2068	652 ?	Ss	11:24	0:01 init [5]
root	2	0.0	0.0	0	0 ?	S <	11:24	0:00 [migration/0]
root	3	0.0	0.0	0	0 ?	SN	11:24	0:00 [ksoftirqd/0]
root	4	0.0	0.0	0	0 ?	S <	11:24	0:00 [watchdog/0]
root	5	0.0	0.0	0	0 ?	S <	11:24	0:00 [events/0]
root	6	0.0	0.0	0	0 ?	S <	11:24	0:00 [khelper]
root	7	0.0	0.0	0	0 ?	S <	11:24	0:00 [kthread]
root	10	0.0	0.0	0	0 ?	S <	11:24	0:00 [kblockd/0]
root	11	0.0	0.0	0	0 ?	S <	11:24	0:00 [kacpid]
root	3768	0.0	2.1	42416	10856 ?	S	11:29	0:00 /usr/lib/vmware
root	3775	0.0	2.5	80364	13176 ?	Sl	11:29	0:00 /usr/libexec/mi
root	3785	0.0	0.1	2472	816 ?	S	11:29	0:00 /usr/libexec/ma
root	4406	0.0	0.5	9920	2880 ?	Ss	11:30	0:00 sshd: root@ pts/
root	4409	0.0	0.2	5644	1460 pts/2	Ss	11:30	0:00 -bash
root	4447	0.0	0.6	15988	3536 ?	S	11:30	0:00 /usr/bin/system
root	4448	0.0	0.2	7144	1412 ?	S	11:30	0:00 /usr/sbin/userh
root	4451	0.0	0.1	5592	988 ?	S	11:30	0:00 /bin/sh /usr/sh
root	4452	0.0	4.1	76332	21192 ?	S	11:30	0:00 /usr/bin/python
root	5013	0.0	0.1	5364	936 pts/2	R +	12:25	0:00 ps -aux

```
[ root@ localhost ~ ]#
```

该命令显示系统中所有用户执行的进程，包括守护进程（没有控制台的进程）和后台进程。主要输出选项的说明如下。

1）%CPU：占用 CPU 时间与总时间的百分比。

2）%MEM：占用内存与系统内存总量的百分比。

3）STAT：进程当前状态。

4）START：进程开始执行的时间。

【例 8-5】 分页显示所有进程信息。

```
[root@ localhost ~]# ps – aux | more
USER        PID % CPU % MEM     VSZ   RSS TTY       STAT START   TIME COMMAND
root          1  0.0   0.1    2068   652 ?          Ss    11:24   0:01 init [5]

root          2  0.0   0.0       0     0 ?          S <   11:24   0:00 [migration/0]
root          3  0.0   0.0       0     0 ?          SN    11:24   0:00 [ksoftirqd/0]
root          4  0.0   0.0       0     0 ?          S <   11:24   0:00 [watchdog/0]
root        246  0.0   0.0       0     0 ?          S <   11:24   0:00 [kswapd0]
root        247  0.0   0.0       0     0 ?          S <   11:24   0:00 [aio/0]
root        465  0.0   0.0       0     0 ?          S <   11:24   0:00 [kpsmoused]
root        495  0.0   0.0       0     0 ?          S <   11:24   0:00 [mpt_poll_0]
root        496  0.0   0.0       0     0 ?          S <   11:24   0:00 [scsi_eh_0]
root        499  0.0   0.0       0     0 ?          S <   11:24   0:00 [ata/0]
root        500  0.0   0.0       0     0 ?          S <   11:24   0:00 [ata_aux]
–– More—
```

【例 8-6】 在系统进程中查找 httpd 进程（如果 httpd 进程已启动）。

```
[root@ localhost ~]# service httpd restart
停止 httpd：                                                    [失败]
启动 httpd：                                                    [确定]
[root@ localhost ~]# ps – aux | grep httpd
Warning: bad syntax, perhaps a bogus ' – '? See /usr/share/doc/procps – 3. 2. 7/FAQ
root      5030  0.0   1.8   23024  9424 ?          Ss    12:29   0:00 /usr/sbin/httpd
apache    5032  0.0   0.9   23024  4800 ?          S     12:29   0:00 /usr/sbin/httpd
apache    5033  0.0   0.9   23024  4800 ?          S     12:29   0:00 /usr/sbin/httpd
apache    5034  0.0   0.9   23024  4800 ?          S     12:29   0:00 /usr/sbin/httpd
apache    5035  0.0   0.9   23024  4800 ?          S     12:29   0:00 /usr/sbin/httpd
apache    5036  0.0   0.9   23024  4800 ?          S     12:29   0:00 /usr/sbin/httpd
apache    5037  0.0   0.9   23024  4800 ?          S     12:29   0:00 /usr/sbin/httpd
apache    5038  0.0   0.9   23024  4800 ?          S .   12:29   0:00 /usr/sbin/httpd
apache    5039  0.0   0.9   23024  4800 ?          S     12:29   0:00 /usr/sbin/httpd
root      5041  0.0   0.1    5024   660 pts/2      R +   12:29   0:00 grep httpd
[root@ localhost ~]#
```

和 ps 命令不同，top 命令可以实时监控进程状况，其屏幕输出如下：

```
[root@ localhost ~]# top
1. top – 16:03:15 up   2:13,   2 users,   load average: 0. 31, 0. 10, 0. 06
2. Tasks: 109 total,   1 running, 106 sleeping,   0 stopped,   2 zombie
3. Cpu(s): 0. 3% us,   3. 5% sy,   0. 2% ni, 94. 5% id,   1. 5% wa,   0. 0% hi,   0. 0% si,   0. 0% st
```

```
4. Mem:      511284k total,    505048k used,      6236k free,      92724k buffers
5. Swap: 2097144k total,            0k used,  2097144k free,    293620k cached

   PID USER      PR  NI  VIRT  RES  SHR S %CPU %MEM    TIME +   COMMAND
     1 root      15   0  2068  580  500 S  0.0  0.1   0:01.30 init
     2 root      RT  -5     0    0    0 S  0.0  0.0   0:00.00 migration/0
     3 root      34  19     0    0    0 S  0.0  0.0   0:00.00 ksoftirqd/0
```

top 命令输出的第 1 行依次是当前时间、系统启动时间、当前系统登录用户数、平均负载；第 2 行是进程情况，依次为进程总数、休眠进程数、运行进程数、僵死进程数、终止进程数；第 3 行是 CPU 状态，依次为用户占用、系统占用、优先进程占用、闲置进程占用；第 4 行是内存状态，依次是平均可用内存、已用内存、空闲内存、缓冲内存；第 5 行为交换状态，依次为平均可用交换容量、已用容量、闲置容量、高速缓存容量；其他行的含义和 ps 的输出类似，这里不再介绍。

在 top 屏幕下，按〈Q〉键可以退出，按〈H〉键可以显示 top 命令下的帮助信息，按〈U〉键可以指定显示特定用户的进程，按〈K〉键可以杀死指定进程号的进程。

2. 查看作业

使用 jobs 命令能查看系统当前的所有作业。命令格式如下：

```
jobs [options]
```

常用选项的说明如下。

－p：仅显示进程号。

－l：同时显示进程号和作业号。

【例 8-7】查看系统中的作业。

```
[root@ bogon ~]# ls -R / > list &         //执行一个命令
[1] 13421
[root@ bogon ~]# jobs -l
[1] + 13421 Done                  ls --color=tty -R / > list
[root@ bogon ~]#
```

上述命令执行的结果分别显示作业号"1"、进程号"13421"、工作状态"Done"、产生作业的命令。

2.6　设置进程的优先级

Linux 操作系统中进程优先级的取值范围为 -20 ~ 19 的整数，取值越小表示优先级别越高，默认优先级的取值为 0。设置进程优先级的命令主要有 nice 命令和 renice 命令。

（1）nice 命令

nice 命令可用于指定将要启动进程的优先级，不指定优先级时默认设置为 0。命令格式如下：

```
nice – number command
```

其中，number 是要给运行进程的优先级，command 是要运行的命令（进程）。

【例 8-8】 启动 grep 程序，其优先级为 9。

```
[root@ bogon ~ ]# cd /
[root@ bogon /]# pwd
/
[root@ bogon /]# nice – 9 grep – R ddd. conf * &
[1] 13553
[root@ bogon /]#ps – l                        //用 l 选项查看进程的优先级
F S   UID   PID  PPID  C PRI  NI ADDR SZ WCHAN  TTY          TIME CMD
4 S     0 12737 12561  0  75   0  –  1411 wait   pts/1    00:00:00 bash
4 S     0 13553 12737  1  84   9  –  1334 sg_rea pts/1    00:00:00 grep
4 R     0 13554 12737  0  78   0  –  1330 –      pts/1    00:00:00 ps
```

（2）renice 命令

renice 命令用于修改运行中进程的优先级，即设定指定用户或群组的进程的优先级。注意，优先级值前无 "–" 符号。命令格式如下：

```
renice number PID
```

【例 8-9】 调整进程 bash 的优先级。

```
[root@ bogon /]# ps – l
F S   UID   PID  PPID  C PRI  NI ADDR SZ WCHAN  TTY          TIME CMD
4 S     0 12737 12561  0  75   0  –  1411 wait   pts/1    00:00:00 bash
4 S     0 13553 12737  0  84   9  –  1334 sg_rea pts/1    00:00:00 grep
4 R     0 13583 12737  0  77   0  –  1330 –      pts/1    00:00:00 ps
[root@ bogon /]# renice 10 12737              //把 bash 的优先级调为 10
12737: old priority 0, new priority 10
[root@ bogon /]# ps – l                        //查看
F S   UID   PID  PPID  C PRI  NI ADDR SZ WCHAN  TTY          TIME CMD
4 S     0 12737 12561  0  85  10  –  1411 wait   pts/1    00:00:00 bash
4 S     0 13553 12737  0  84   9  –  1334 sg_rea pts/1    00:00:00 grep
4 R     0 13586 12737  0  87  10  –  1330 –      pts/1    00:00:00 ps
[root@ bogon /]# renice – 10 12737            //把优先级调为 – 10
12737: old priority 10, new priority – 10
[root@ bogon /]# ps – l                        //查看
F S   UID   PID  PPID  C PRI  NI ADDR SZ WCHAN  TTY          TIME CMD
4 S     0 12737 12561  0  65 –10  –  1411 wait   pts/1    00:00:00 bash
4 S     0 13553 12737  0  84   9  –  1334 sg_rea pts/1    00:00:00 grep
4 R     0 13602 12737  0  67 –10  –  1330 –      pts/1    00:00:00 ps
```

2.7　用命令终止进程

在通常情况下，用户可以通过停止一个程序运行的方法来结束程序产生的进程。但有时由于某些原因，程序停止响应，无法正常终止，这就需要使用 kill 命令来杀死程序产生的进程，从而结束程序的运行。命令格式如下：

kill［-signal］PID

其中，PID 是进程的 ID 号，signal 是信号代码。

【例 8-10】列出 kill 进程的信号代码。

```
[root@ bogon /]# kill -1
```
1) SIGHUP	2) SIGINT	3) SIGQUIT	4) SIGILL
5) SIGTRAP	6) SIGABRT	7) SIGBUS	8) SIGFPE
9) SIGKILL	10) SIGUSR1	11) SIGSEGV	12) SIGUSR2
13) SIGPIPE	14) SIGALRM	15) SIGTERM	16) SIGSTKFLT
17) SIGCHLD	18) SIGCONT	19) SIGSTOP	20) SIGTSTP
21) SIGTTIN	22) SIGTTOU	23) SIGURG	24) SIGXCPU
25) SIGXFSZ	26) SIGVTALRM	27) SIGPROF	28) SIGWINCH
29) SIGIO	30) SIGPWR	31) SIGSYS	34) SIGRTMIN
35) SIGRTMIN+1	36) SIGRTMIN+2	37) SIGRTMIN+3	38) SIGRTMIN+4
39) SIGRTMIN+5	40) SIGRTMIN+6	41) SIGRTMIN+7	42) SIGRTMIN+8
43) SIGRTMIN+9	44) SIGRTMIN+10	45) SIGRTMIN+11	46) SIGRTMIN+12
47) SIGRTMIN+13	48) SIGRTMIN+14	49) SIGRTMIN+15	50) SIGRTMAX-14
51) SIGRTMAX-13	52) SIGRTMAX-12	53) SIGRTMAX-11	54) SIGRTMAX-10
55) SIGRTMAX-9	56) SIGRTMAX-8	57) SIGRTMAX-7	58) SIGRTMAX-6
59) SIGRTMAX-5	60) SIGRTMAX-4	61) SIGRTMAX-3	62) SIGRTMAX-2
63) SIGRTMAX-1	64) SIGRTMAX		

常用的信号代码见表 8-3。

表 8-3 常用信号

信　号	数　值	用　途
SIGHUP	1	从终端上发出的结束信号
SIGKILL	9	结束接受信号的进程（强行杀死进程）
SIGTERM	15	kill 命令默认的终止信号

要终止一个进程首先要知道它的 PID，这就需要用到上面介绍过的 ps 命令。

【例 8-11】假如例 8-8 的 grep 操作时间太长，也无法关闭，用户可以进行如下操作。

（1）找到 grep 对应进程的 PID

```
[root@ bogon /]# ps -aux | grep grep
Warning: bad syntax, perhaps a bogus '-'? See /usr/share/doc/procps-3.2.7/FAQ
root      13553  0.0  0.1   5336   1000 pts/1     SN   16:13   0:00 grep -R ddd. conf bin boot
dev etc home lib lost+found media misc mnt net opt proc root sbin selinux srv sys tmp usr var
root      13701  0.0  0.1   5024    664 pts/1     R<+  16:21   0:00 grep grep
```

以上进程"13553"是目标进程的 PID。

（2）杀死进程

```
[root@ bogon /]# kill -9 13553              //发送杀死信号
[root@ bogon /]# ps -aux | grep grep        //再次检查
Warning: bad syntax, perhaps a bogus '-'? See /usr/share/doc/procps-3.2.7/FAQ
root      13716  0.0  0.1   5024   660 pts/1    R < +  16:21  0:00 grep grep
[1]+  已杀死                      nice -9 grep -R ddd.conf *
[root@ bogon /]#
```

用户也可以用 killall 命令来杀死进程，和 kill 命令不同的是，在 killall 命令后面指定的是要杀死进程的名称，而不是 PID。

【例 8-12】 终止所有的 httpd 进程。

```
[root@ bogon /]# service httpd restart
停止 httpd：                                     [确定]
启动 httpd：                                     [确定]
[root@ bogon /]# ps -aux | grep httpd
Warning: bad syntax, perhaps a bogus '-'? See /usr/share/doc/procps-3.2.7/FAQ
root      13910  0.2  1.8  23048  9476 ?        S < s  16:29  0:00 /usr/sbin/httpd
apache    13930  0.0  0.9  23048  4808 ?        S <    16:30  0:00 /usr/sbin/httpd
apache    13931  0.0  0.9  23048  4808 ?        S <    16:30  0:00 /usr/sbin/httpd
apache    13932  0.0  0.9  23048  4808 ?        S <    16:30  0:00 /usr/sbin/httpd
apache    13933  0.0  0.9  23048  4808 ?        S <    16:30  0:00 /usr/sbin/httpd
apache    13934  0.0  0.9  23048  4808 ?        S <    16:30  0:00 /usr/sbin/httpd
apache    13935  0.0  0.9  23048  4808 ?        S <    16:30  0:00 /usr/sbin/httpd
apache    13936  0.0  0.9  23048  4808 ?        S <    16:30  0:00 /usr/sbin/httpd
apache    13937  0.0  0.9  23048  4808 ?        S <    16:30  0:00 /usr/sbin/httpd
root      13939  0.0  0.1   5024   660 pts/1    R < +  16:30  0:00 grep httpd
[root@ bogon /]# killall -9 httpd            //杀死所有同名进程
[root@ bogon /]# ps -aux | grep httpd        //再次显示就没有了
Warning: bad syntax, perhaps a bogus '-'? See /usr/share/doc/procps-3.2.7/FAQ
root      13942  0.0  0.1   5024   660 pts/1    R < +  16:30  0:00 grep httpd
[root@ bogon /]#
```

任务 3　学习调度管理

调度就是让系统在指定时间运行指定任务。Linux 操作系统的进程调度允许用户根据需要在指定时间自动运行指定进程，也允许用户将非常消耗资源和时间的进程安排到系统比较空闲的时间来执行。用户可采用以下方法实现进程调度：

1）对于偶尔运行的进程采用 at 调度。

2）对于特定时间重复运行的进程采用 cron 调度。

3.1　使用一次性 at 调度

用户使用 at 命令在指定时刻执行指定的命令序列。也就是说，at 调度用来在一个特定的时间运行一个命令或脚本，这个命令或脚本只运行一次。命令格式如下：

```
at [options] time
```

其中，options 是命令执行时的选项，如列出调度、删除调度等，time 是时间表达参数。时间参数用于指定任务执行的时间，其表达方式可以采用绝对时间表达法，也可以采用相对时间表达法。

1. 绝对时间表达法

1）以 hh: mm（小时: 分钟）的格式指定时间，如果该时间已经过去，那么就放在第二天执行。

2）使用表示时间的英文单词指定时间，如 midnight（深夜）、noon（中午）等。

3）使用 12 小时计时制，即在时间后面加上 AM（上午）或者 PM（下午）来说明是上午还是下午。

4）用格式 month day（月 日）、mm/dd/yy（月/日/年）或者 dd. mm. yy（日 . 月 . 年）指定具体日期。

例如，表达 2014 年 12 月 18 日上午 9:00，可以采用以下表达形式：

```
9:00am 12/18/14
9:00 18. 12. 14
9:00 12182014
```

2. 相对时间表达法

相对于当前时间来指定执行时间，命令格式如下：

```
now + count time - units
```

其中，now 就是当前时间，time - units 是时间单位，这里可以是 minutes（分钟）、hours（小时）、days（天）、weeks（星期），count 是时间的数量，如天或者小时等。

例如，现在时间是中午 12:30，用相对时间表达法表示下午 3:30，其命令如下：

```
now + 3 hours
now + 180 minutes
```

【例 8-13】三天后的下午 5 点钟执行/bin/ls 命令。

```
[root@ bogon /]# at 5pm + 3 days
at > /bin/ls                    //在 at 提示符下输入要执行的命令
at > <EOT>                      //输入完成，按〈Ctrl + D〉键结束
job 1 at 2015 - 01 - 09 17:00
[root@ bogon /]# at -l           //列表 at 调度
1        2015 - 01 - 09 17:00 a root
```

```
[root@ bogon /]# date                //现在时间
2015 年 01 月 06 日 星期二 16:37:33 CST
```

【例 8-14】 三个星期后的下午 5 点钟执行/bin/ls 命令。

```
[root@ bogon /]# date
2015 年 01 月 06 日 星期二 16:39:20 CST
[root@ bogon /]# at 5pm + 3 weeks
at > /bin/ls
at > <EOT>
job 2 at 2015 - 01 - 27 17:00
[root@ bogon /]# at -l
2        2015 - 01 - 27 17:00 a root
1        2015 - 01 - 09 17:00 a root
[root@ bogon /]#
```

【例 8-15】 明天的 17:20 执行/bin/date 命令。

```
[root@ bogon /]# date
2015 年 01 月 06 日 星期二 16:40:39 CST
[root@ bogon /]# at 17:20 tomorrow
at > /bin/ls
at > <EOT>
job 3 at 2015 - 01 - 07 17:20
[root@ bogon /]# at -l
2        2015 - 01 - 27 17:00 a root
1        2015 - 01 - 09 17:00 a root
3        2015 - 01 - 07 17:20 a root
[root@ bogon /]#
```

3.2　重复性调度 crontab 的文件格式

　　crontab 文件的内容是 crond 守护进程所要重复执行的一系列作业和指令。crontab 文件以行为单位，每一行均遵守特定的格式，由空格或制表符（〈Tab〉键）分隔为 6 个字段，其中前 5 个字段是指定命令被执行的时间，依次为分钟、小时、日期、月份、星期。最后一个字段是要被执行的命令，具体的说明见表 8-4。

表 8-4　crontab 文件字段的含义

字 段 名 称	代 表 意 义	取 值 范 围
分钟	在一小时的第几分钟	0~59
小时	每天第几小时	0~23，0 点表示晚上 12 点
日期	每月第几天	1~31
月份	每年第几月	1~12

（续）

字 段 名 称	代 表 意 义	取 值 范 围
星期	每周第几天	0~6，0 表示星期天
命令	所要执行的 shell 命令	可执行的 shell 命令

相关说明：

1）所有字段不能为空，字段之间用空格分开。

2）可按照表 8-4 指定每一字段内容，如果不指定，则需要输入"＊"通配符，表示"全部"。例如，在"月份"字段中输入"＊"表示在每年的所有月份都执行该命令。

3）可以使用"－"表示一段时间。例如，在"日期"字段中输入"2－7"表示在每月的第 2~7 天都执行该命令。

4）可以使用"，"表示个别时间。例如，在"月份"字段中输入"1，7"表示在每年的 1 月、7 月都执行该命令。

5）可以使用"＊/"后跟一个数字表示每隔一段时间，当实际的数值是该数字的倍数时就表示匹配。例如，在"月份"字段中输入"＊/2"表示每隔 2 个月都执行该命令。

【例 8-16】 以下是某个用户的 crontab 文件。

```
30 21 ＊ ＊ ＊ /usr/local/etc/rc. d/httpd restart
45 4 1,10,22 ＊ ＊ /usr/local/etc/rc. d/httpd restart
10 1 ＊ ＊ 6,0 /usr/local/etc/rc. d/httpd restart
0,30 18－23 ＊ ＊ ＊ /usr/local/etc/rc. d/httpd restart
0 23 ＊ ＊ 6 /usr/local/etc/rc. d/httpd restart
＊ ＊/1 ＊ ＊ ＊ /usr/local/etc/rc. d/httpd restart
```

第一行表示每晚的 21:30 重启 apache（apache 的进程名为 httpd）。

第二行表示每月 1、10、22 日的 4:45 重启 apache。

第三行表示每周六、周日的 1:10 重启 apache。

第四行表示在每天 18:00 至 23:00 之间每隔 30 分钟重启 apache。

第五行表示每星期六的 11:00 pm 重启 apache。

第六行表示每隔一小时重启 apache。

3.3　重复性 cron 调度的编辑

crontab 命令用于管理用户的 crontab 配置文件。创建一个 crontab 文件使用的命令格式如下：

```
crontab［options］
```

常用选项的说明如下。

－e：创建、编辑配置文件。

－l：显示配置文件的内容。

【例 **8-17**】把例 8-16 内容输入用户 user11 的 crontab 文件。

1）在系统中新建用户 user11，并改变其密码。

```
[root@ bogon /]# useradd user11
[root@ bogon /]# passwd user11
Changing password for user user11.
New UNIX password：
BAD PASSWORD：it is WAY too short
Retype new UNIX password：
passwd：all authentication tokens updated successfully.
```

2）切换到用户 user11，并编辑其 crontab 文件。

```
[root@ bogon ~]# su – user11
[user11@ bogon ~] $ whoami
user11
[user11@ bogon ~] $ crontab – e
```

输入例 8-16 的内容，把 command 改为具体的命令，并保存退出，如图 8-1 所示。

图 8-1   编辑 crontab 文件

3）查看用户 user11 的 crontab 设置。

```
[root@ bogon ~] $ crontab – l                  //l 选项表示 list 输出
30 21 * * * /usr/local/etc/rc. d/httpd restart
45 4 1,10,22 * * /usr/local/etc/rc. d/httpd restart
10 1 * * 6,0 /usr/local/etc/rc. d/httpd restart
0,30 18 – 23 * * * /usr/local/etc/rc. d/httpd restart
* */1 * * * /usr/local/etc/rc. d/httpd restart
[root@ bogon ~]#
```

【例 **8-18**】按下列要求，利用 crontab 完成任务。

1）查看 crontab 命令的帮助信息。

2）查看用户的计划任务列表。

3）建立一个 crontab 文件：7 月 22 日 11 点 45 分执行 ls/etc。

4）使用 crontab 命令安装 crontab 文件，安排计划任务。

5）查看计划任务表，看看计划任务是否已被安排。

6）删除计划任务列表，并进行确认。

项目小结

　　进程是 Linux 系统进行资源分配和调度的基本单位。每个进程都具有进程号（PID），并以此区别不同的进程。正在执行的一个或多个相关进程形成一个作业。进程或作业既可以在前台运行也可以在后台运行，但在同一时刻，每个用户只能有一个前台作业。

　　启动进程的用户可以修改进程的优先级，但普通用户只能调低优先级，而超级用户既可调低优先级也可以调高优先级。Linux 中进程优先级的取值是 −20 ~ 19 的整数，取值越高，优先级越低，默认优先级为 0。

　　用户既可以手工启动进程与作业，也可以调度启动进程和作业。at 调度可指定命令执行的时间，但只能执行一次。cron 调度用于执行需要周期性重复执行的命令，可设置命令重复执行的时间。

项目 9　Linux 下的存储管理

任务1　硬盘从分区到使用

1.1　硬盘的物理组织

　　硬盘由一片或几片圆形盘片组成，这些圆形盘片称为磁片，磁片磁化后可以存储数据。一个硬盘有两个面（Side），每个面都专有一个读写磁头（Head），每个磁片被格式化成有若干条同心圆的磁道（Track），并规定最外面的磁道是 0 磁道、次外层是 1 磁道……每个磁道又被分成若干个扇区（Sector），并顺序排为 1 号扇区、2 号扇区……通常一个扇区可以存储 512B 的二进制信息位。每个硬盘上的同号磁道组成一个柱面（Cylinder），也就是说每个硬盘的 0 号磁道组成 0 号柱面，所有的 1 号磁道组成 1 号柱面。硬盘的结构如图 9-1 所示。

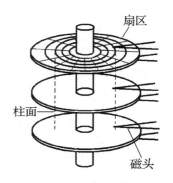

图 9-1　硬盘结构示意图

1.2　Linux 硬盘的相关知识

　　1. 硬盘分区

　　硬盘分区是针对硬盘进行的操作，可以分为主分区、扩展分区和逻辑分区。主分区是包含系统启动所需文件的分区，安装操作系统时必须要有一个主分区，数量可为 1~3 个；扩展分区是主分区之外的分区，可为 0 或 1 个，不能直接使用，必须再划分为逻辑分区才能使用；逻辑分区在数量上没有限制。

　　交换（Swap）分区是 Linux 在硬盘上划出的一个临时区域用于充当内存，这个区域在 Windows 中称为虚拟内存，在 Linux 中称为交换分区。在 Linux 安装时，Swap 分区的大小一般设为物理内存的 2 倍。

　　2. 分区格式

　　Windows 用的分区格式为 FAT32、NTFS，但不支持 Linux 上常见的分区格式。Linux 是一个开放的操作系统，它使用 EXT2 和 EXT3 格式，并且可以识别 Windows 使用的分区格式。

　　3. 硬盘使用的一般步骤

　　原始硬盘没有划分空间，整个硬盘是一个区域，一般需要经过以下步骤才能够使用。

1）分区：按照基本分区、扩展分区、逻辑分区的格式来划分硬盘空间。

2）建立文件系统：格式化的过程就是建立文件系统的过程。

3）安装使用：建立文件系统的硬盘还没有连接到 Linux 的目录结构中，需要使用命令装载才能使用。

4. Linux 存储设备的命名

Linux 下存储设备名必须遵循 Linux 对各种存储设备的命名规范。在 Linux 中，硬盘、光盘、软盘设备的命名方法见表 9-1。

表 9-1　Linux 硬盘、光驱和软盘设备的命名方法

设　　备	分区的命名	设　　备	分区的命名
第一个软盘驱动器	/dev/fd0	光盘驱动器	/dev/cdrom
第一个 IDE 硬盘上的 Master	/dev/hda	第一块 SCSI 硬盘	/dev/sda
第一个 IDE 硬盘上的 Slave	/dev/hdb	第二块 SCSI 硬盘	/dev/sdb
第二个 IDE 硬盘上的 Master	/dev/hdc	第三块 SCSI 硬盘	/dev/sdc
第二个 IDE 硬盘上的 Slave	/dev/hdd	第四块 SCSI 硬盘	/dev/sdd

1.3　硬盘从分区到使用的实例

【例 9-1】在 VMware 虚拟机中增加一个 hda 硬盘（1GB），划分两个基本分区 [/dev/hda1（100MB）、/dev/hda2（100MB）]，三个逻辑分区 [/dev/hda5（100MB）、/dev/hda6（100MB）、/dev/hda7（100MB）]，把逻辑分区/dev/hda6 改变成交换分区。

对划分后的分区（包括交换分区）进行格式化（注意：一般 Linux 分区和交换分区用不同的命令进行格式化），对格式化后的分区进行安装。具体操作步骤如下：

1）关闭虚拟机操作系统，增加硬盘（1GB），如图 9-2 所示。

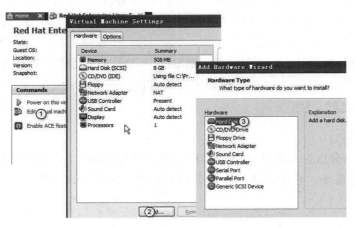

图 9-2　为虚拟操作系统增加 1GB 硬盘

在 CentOS 5.4 的控制台窗口中，单击 "Edit Virtual Machine" 选项，再在出现的对话框中单击 "Add" 按钮，在出现的对话框中选择 "HardDisk"，然后按照向导增加一块 1GB 大小的 IDE 硬盘，参数设置如图 9-3 所示。

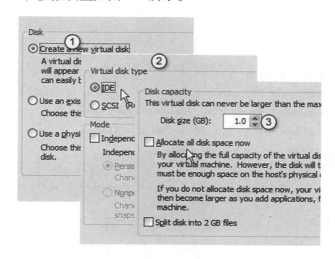

图 9-3 设置增加的硬盘参数

增加完毕后，重新启动系统，使 CentOS 5.4 系统识别新增加的硬盘。

2）系统启动后，用 fdisk 查询硬盘信息。要在硬盘上创建文件系统，首先要进行硬盘分区。CentOS 5.4 提供了一种功能强大的硬盘分区工具 fdisk，命令格式如下：

fdisk devicename

显示硬盘上所有分区，我们使用带有 –l 选项的 fdisk 命令，显示刚增加的硬盘信息。

```
[root@ bogon ~]# fdisk –l                    //选项为 l 表示列出硬盘信息

Disk /dev/hda：1073 MB, 1073741824 bytes      //新增加硬盘,没有分区表
16 heads, 63 sectors/track, 2080 cylinders
Units = cylinders of 1008 * 512 = 516096 bytes

Disk /dev/hda doesn't contain a valid partition table

Disk /dev/sda：8589 MB, 8589934592 bytes       //原系统硬盘
255 heads, 63 sectors/track, 1044 cylinders
Units = cylinders of 16065 * 512 = 8225280 bytes

   Device Boot      Start         End      Blocks   Id  System
/dev/sda1    *         1          13       104391   83  Linux
/dev/sda2             14        1044     8281507 + 8e  Linux LVM
```

在显示的信息中，原来的系统硬盘为/dev/sda，大小为 8GB，有分区表。新增加的硬

盘为/dev/hda，大小为1GB，没有有效的分区表。

3）对新增加的硬盘创建硬盘分区。要对一个硬盘进行分区操作，使用 fdisk，命令格式如下：

> fdisk   设备名

对新硬盘分区的命令如下。

```
[root@ bogon ~]# fdisk /dev/hda
Device contains neither a valid DOS partition table, nor Sun, SGI or OSF disklabel
Building a new DOS disklabel. Changes will remain in memory only,
1) software that runs at boot time (e.g., old versions of LILO)
2) booting and partitioning software from other OSs
   (e.g., DOS FDISK, OS/2 FDISK)
Warning: invalid flag 0x0000 of partition table 4 will be corrected by w(rite)

Command (m for help):
```

fdisk 命令以交互方式进行操作，在 Command（m for help）提示符下，我们可以通过键入各种子命令继续创建硬盘。fdisk 的交互操作子命令均为单个字母，用 m 命令获取帮助。

```
Command (m for help): m
Command action
   a    toggle a bootable flag              //改变硬盘的启动标志
   b    edit bsd disklabel                  //编辑 bsd 硬盘标签
   c    toggle the dos compatibility flag   //DOS 兼容切换
   d    delete a partition                  //删除分区
   l    list known partition types          //列表分区
   m     print this menu                    //获取帮助
   n    add a new partition                 //增加分区
   o    create a new empty DOS partition table   //创建空 DOS 分区表
   p    print the partition table           //打印当前分区信息
   q    quit without saving changes         //不保存退出
   s    create a new empty Sun disklabel
   t    change a partition's system id      //改变分区类型
   u    change display/entry units
   v    verify the partition table
   w     write table to disk and exit       //写并退出
   x    extra functionality (experts only)  //专家功能
Command (m for help):
```

按照例9-1分区要求，过程如下。

```
Command（m for help）：n                        //建立新分区
Command action
   e    extended
   p    primary partition（1 – 4）                //建立主要分区
p
Partition number（1 – 4）：1                      //分区号为 1
First cylinder（1 – 2080，default 1）：
Using default value 1                            //起始柱面为默认
Last cylinder or ＋size or ＋sizeM or ＋sizeK（1 – 2080，default 2080）：＋100M   //用＋M 来指定大小

Command（m for help）：n
Command action
   e    extended
   p    primary partition（1 – 4）
p
Partition number（1 – 4）：2                      //分区号为 2
First cylinder（196 – 2080，default 196）：
Using default value 196
Last cylinder or ＋size or ＋sizeM or ＋sizeK（196 – 2080，default 2080）：＋100M

Command（m for help）：n
Command action
   e    extended
   p    primary partition（1 – 4）
e                                               //建立扩展分区
Partition number（1 – 4）：3
First cylinder（391 – 2080，default 391）：
Using default value 391
Last cylinder or ＋size or ＋sizeM or ＋sizeK（391 – 2080，default 2080）：
Using default value 2080

Command（m for help）：n
Command action
   l    logical（5 or over）
   p    primary partition（1 – 4）
l                                               //建立逻辑分区
First cylinder（391 – 2080，default 391）：
Using default value 391
Last cylinder or ＋size or ＋sizeM or ＋sizeK（391 – 2080，default 2080）：＋100M

Command（m for help）：n
Command action
   l    logical（5 or over）
   p    primary partition（1 – 4）
```

```
l
First cylinder (586 - 2080, default 586):
Using default value 586
Last cylinder or + size or + sizeM or + sizeK (586 - 2080, default 2080): +100M

Command (m for help): n
Command action
    l    logical (5 or over)
    p    primary partition (1 - 4)
l
First cylinder (781 - 2080, default 781):
Using default value 781
Last cylinder or + size or + sizeM or + sizeK (781 - 2080, default 2080): +100M

Command (m for help): t                    //改变分区的类型为交换分区
Partition number (1 - 7): 6
Hex code (type L to list codes): L          //查看分区类型号，交换分区为82

0    Empty              1e   Hidden W95 FAT1 80   Old Minix        bf   Solaris
1    FAT12              24   NEC DOS         81   Minix / old Lin c1   DRDOS/sec (FAT -
2    XENIX root         39   Plan 9          82   Linux swap / So c4   DRDOS/sec (FAT -

1c   Hidden W95 FAT3 75  PC/IX               be   Solaris boot     ff   BBT
Hex code (type L to list codes): 82
Changed system type of partition 6 to 82 (Linux swap / Solaris)

Command (m for help): p                     //打印当前的分区表信息

Disk /dev/hda: 1073 MB, 1073741824 bytes
16 heads, 63 sectors/track, 2080 cylinders
Units = cylinders of 1008 * 512 = 516096 bytes

   Device Boot    Start         End       Blocks   Id   System
/dev/hda1           1           195       98248 +  83   Linux
/dev/hda2          196          390       98280    83   Linux
/dev/hda3          391         2080      851760     5   Extended
/dev/hda5          391          585       98248 +  83   Linux
/dev/hda6          586          780       98248 +  82   Linux swap / Solaris
/dev/hda7          781          975       98248 +  83   Linux

Command (m for help): w                     //存盘退出
```

退出到 shell 提示符下后，再次用 fdisk 命令显示分区信息。

```
[root@ bogon ~]# fdisk - l /dev/hda

Disk /dev/hda: 1073 MB, 1073741824 bytes
```

```
16 heads, 63 sectors/track, 2080 cylinders
Units = cylinders of 1008 * 512 = 516096 bytes

Device Boot      Start         End      Blocks    Id    System
/dev/hda1          1           195      98248 +   83    Linux
/dev/hda2         196          390      98280     83    Linux
/dev/hda3         391         2080      851760     5    Extended
/dev/hda5         391          585      98248 +   83    Linux
/dev/hda6         586          780      98248 +   82    Linux swap / Solaris
/dev/hda7         781          975      98248 +   83    Linux
```

4）创建分区的文件系统。硬盘进行分区后，下一步的工作就是文件系统的建立，这和格式化硬盘类似。在 Linux 系统中，建立文件系统的命令是 mkfs，其命令格式如下：

```
mkfs [options] filesystem
```

其中，options 是命令选项，filesystem 是设备的分区名，如/dev/hda2。

常用选项的说明如下。

−t：指定要创建的文件系统类型，默认是 ext2。

建立交换分区文件系统的命令为 mkswap，其命令格式如下：

```
mkswap    filesystem
```

对第 3 步各分区进行格式化。

```
[root@ bogon ~]# mkfs /dev/hda1          //格式化 1 号分区，默认系统为 ext2
mke2fs 1.39 (29 – May – 2006)
180 days, whichever comes first.    Use tune2fs − c or − i to override.
[root@ bogon ~]# mkfs /dev/hda2
mke2fs 1.39 (29 – May – 2006)
Filesystem label =
[root@ bogon ~]# mkfs /dev/hda5
mke2fs 1.39 (29 – May – 2006)
Filesystem label =
[root@ bogon ~]# mkfs /dev/hda7
mke2fs 1.39 (29 – May – 2006)
Filesystem label =
OS type：Linux
[root@ bogon ~]# mkswap /dev/hda6          //格式化交换分区
Setting up swapspace version 1, size = 100601 kB
[root@ bogon ~]#
```

5）用命令挂载和卸载文件系统。在 Linux 中创建文件后，用户还不能直接使用它，要把文件系统挂载（Mount）后才能使用。挂载文件系统首先要选择一个挂载点（Mount

Point）。所谓的挂载点就是所安装文件系统的安装点，如图 9-4 和图 9-5 所示。

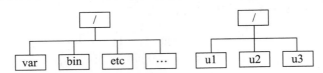

图 9-4　未安装的两个独立的文件系统

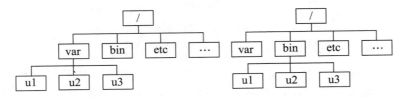

图 9-5　文件系统安装点不同引起目录树结构的不同

　　① 手动安装/挂载文件系统。手工安装文件系统常常用于临时使用文件系统的场合，尤其是软盘和光盘的使用。手工安装文件系统使用 mount 命令，其命令格式如下：

　　mount［options］devicename mountpoint

　　其中，options 是命令选项，devicename 是要挂载的设备分区名，mountpoint 是挂载点。

　　例如，将/dev/hda3 分区的文件系统安装在/mnt/disk1 目录下，文件系统的类型是 ext3，安装点是/mnt/disk1。

　　［root@ localhost ～ ］# mount － t ext3 /dev/hda3 /mnt/disk1

　　对第 4 步格式化后的分区在硬盘上建立对应的目录，再挂载。

```
［root@ bogon ～ ］# cd /
［root@ bogon / ］# pwd
/
［root@ bogon / ］# ls
bin    dev   home   lost + found   misc   opt   root   selinux   sys   usr
boot   etc   lib    media          mnt    proc  sbin   srv       tmp   var
［root@ bogon / ］# mkdir hda1 hda2 hda5 hda7      //在根目录下建立 4 个挂载点（目录）
［root@ bogon / ］# ls
bin    dev   hda1   hda5   home   lost + found   misc   opt   root   selinux   sys   usr
boot   etc   hda2   hda7   lib    media          mnt    proc  sbin   srv       tmp   var
［root@ bogon / ］# mount                         //挂载前已经挂载的系统
/dev/mapper/VolGroup00 － LogVol00 on / type ext3（rw）
proc on /proc type proc（rw）
sysfs on /sys type sysfs（rw）
devpts on /dev/pts type devpts（rw,gid = 5,mode = 620）
/dev/sda1 on /boot type ext3（rw）
```

```
tmpfs on /dev/shm type tmpfs（rw）
none on /proc/sys/fs/binfmt_misc type binfmt_misc（rw）
none on /proc/fs/vmblock/mountPoint type vmblock（rw）
［root@ bogon /］# mount /dev/hda1 /hda1          //挂载/dev/hda1 分区
［root@ bogon /］# mount /dev/hda2 /hda2
［root@ bogon /］# mount /dev/hda5 /hda5
［root@ bogon /］# mount /dev/hda7 /hda7
［root@ bogon /］# mount                          //挂载后的文件系统
/dev/mapper/VolGroup00 - LogVol00 on / type ext3（rw）
proc on /proc type proc（rw）
sysfs on /sys type sysfs（rw）
devpts on /dev/pts type devpts（rw,gid = 5,mode = 620）
/dev/sda1 on /boot type ext3（rw）
tmpfs on /dev/shm type tmpfs（rw）
none on /proc/sys/fs/binfmt_misc type binfmt_misc（rw）
none on /proc/fs/vmblock/mountPoint type vmblock（rw）
/dev/hda1 on /hda1 type ext2（rw）                //已经挂载
/dev/hda2 on /hda2 type ext2（rw）
/dev/hda5 on /hda5 type ext2（rw）
/dev/hda7 on /hda7 type ext2（rw）
［root@ bogon /］#
```

　　分区挂载之后，就成为 Linux 文件目录结构的一部分，用户可以在挂载后的目录中进行读写。

　　② 手动卸载文件系统。所有挂载的文件系统在不需要的时候都可以利用 umount 命令进行卸载，其命令格式如下：

```
umount［options］mountpoint devicename
```

　　其中的选项和参数含义同 mount 命令，注意的是卸载文件系统时，不能处于该挂载目录下。

　　6）文件系统的自动安装。mount 命令用于手动安装文件系统，但是这样的挂载仅对本次操作有效，在关机的时候会被自动卸载。对于用户经常使用的文件系统（硬盘的各个分区）则最好能让 Linux 系统在启动时就自动安装好，并在关机时自动卸载。

　　Linux 系统通过配置文件/etc/fstab 来解决这个问题的，/etc/fstab 文件的一般格式如下：

```
［root@ localhost ~］# cat /etc/fstab
/dev/hda1        /              reiserfs    defaults,notail      1 1
/dev/cdrom       /mnt/cdrom     iso9660     noauto,owner,ro      0 0
/dev/hda2        swap           swap        defaults             0 0
/dev/fd0         /mnt/floppy    vfat        noauto,owner         0 0
none             /proc          proc        defaults             0 0
none             /dev/pts       devpts      gid = 5,mode = 620   0 0
```

/etc/fstab 文件的每一行都表示一个文件系统，每个文件系统的信息用 6 个字段来表示，各字段的说明如下：

1）字段 1 表示系统在开机的时候会自动挂载的文件系统，通常以/dev 开头。

2）字段 2 指定每个文件系统的挂载点，必须使用绝对路径表示。其中，swap 分区不需指定挂载点。

3）字段 3 指定每个被安装文件系统的类型。

4）字段 4 指定每一个文件系统挂载时的命令选项。常见的选项见表 9-2。

表 9-2 常见的文件系统挂载命令选项

选　　项	说　　明
defaults	使用默认值挂载文件系统，即启动时自行挂载，并可读、可写
usrquota	该文件系统支持用户配额管理

5）字段 5 表示备份频率，是一个数字，有 0 和 1 两种取值，表示该文件系统是否需要备份，其中 0 表示不需要备份。

6）字段 6 表示检查顺序标志，是一个数字，用来决定是否检查该文件系统以及检查的次序。

如对于以上步骤建立文件系统的分区，要实现自动挂载，可以编辑/etc/fstab，内容如下：

```
/dev/VolGroup00/LogVol00      /                    ext3     defaults          1 1
LABEL = /boot                 /boot                ext3     defaults          1 2
tmpfs                         /dev/shm             tmpfs    defaults          0 0
devpts                        /dev/pts             devpts   gid = 5 , mode = 620   0 0
sysfs                         /sys                 sysfs    defaults          0 0
proc                          /proc                proc     defaults          0 0
/dev/VolGroup00/LogVol01      swap                 swap     defaults          0 0
# Beginning of the block added by the VMware software
. host:/                      /mnt/hgfs            vmhgfs   defaults , ttl = 5    0 0
# End of the block added by the VMware software
/dev/hda1        /hda1      ext2    defaults       0 0              //以下几行为新增加内容。
/dev/hda2        /hda2      ext2    defaults       0 0
/dev/hda5        /hda5      ext2    defaults       0 0
/dev/hda1        swap       swap    defaults       0 0
/dev/hda7        /hda7      ext2    defaults       0 0
```

重新启动系统，用 mount 命令查看。

```
[ root@ bogon  ~ ]# mount
/dev/mapper/VolGroup00 – LogVol00 on / type ext3（rw）
```

```
proc on /proc type proc（rw）
sysfs on /sys type sysfs（rw）
devpts on /dev/pts type devpts（rw,gid = 5,mode = 620）
/dev/sda1 on /boot type ext3（rw）
tmpfs on /dev/shm type tmpfs（rw）
/dev/hda1 on /hda1 type ext2（rw）          //以下 4 个为自动挂载的分区
/dev/hda2 on /hda2 type ext2（rw）
/dev/hda5 on /hda5 type ext2（rw）
/dev/hda7 on /hda7 type ext2（rw）
none on /proc/sys/fs/binfmt_misc type binfmt_misc（rw）
none on /proc/fs/vmblock/mountPoint type vmblock（rw）
```

任务 2　硬盘配额的设置使用

所谓的硬盘配额，是指用户可以使用的硬盘空间的额度。Linux 通过 quota 来实现硬盘配额管理。quota 可以从两个方面进行限制：一个方面可以限制用户或群组占用的硬盘块数；另一方面可以限制用户或群组所拥有的文件数。在大多情况下，我们对块数进行限制，Linux 系统中的 1 块（Block）相当于 1KB 的存储空间。

2.1　配置硬盘配额

1）检查内核是否支持 quota。

```
［root@ localhost ~ ］# dmesg | grep quota          //dmesg 命令输出系统启动时的信息，查找 quota 信息
VFS：Disk quotas dquot_6.5.1 initialized
```

2）修改/etc/fstab 文件。对于要启用 quota 的文件系统，首先应配置相应的安装选项。用 VI 编辑器打开/etc/fstab 文件，对要进行配额管理的行进行修改，在命令选项字段增加 usrquota，表示支持用户级配额管理设置。此时，/etc/fstab 中该行的内容如下：

```
/dev/hda3 /mnt/disk1 ext2 defaults,usrquota 1 2
```

3）重新启动系统或卸载文件系统并重新安装文件系统让 quota 选项生效。

```
［root@ localhost ~ ］# unmount  /dev/hda3
［root@ localhost ~ ］# mount /dev/hda3
```

4）使用 quotacheck 命令建立 aquota. user 文件。quotacheck 命令的作用是检查配置了 quota 的文件系统，并在每个文件系统的根目录上建立 aquota. user 文件。其命令格式如下：

```
quotacheck ［options］
```

其中，主要选项的说明如下：

－a：检查所有已安装并且配置了配额的文件系统。

－g：检查组的配额。

－u：检查用户配额。

- v：显示检查时产生的信息。

5）执行 edquota 命令，编辑 aquota. user 文件，设置用户配额。edquota 命令的基本格式如下：

edquota［options］user

假设系统中有用户 test1，现要求对用户进行配额管理设置，可用如下命令：

```
［root@ localhost ~ ］# edquota – u test1
Disk quotas for user test1（uid 500）:
    Filesystem      blocks        soft          hard        inodes       soft         hard
    /dev/sda8         60           0             0            12           0            0
```

如要对用户 test1 配置软配额为 10MB，硬配额为 15MB，命令如下：

```
Disk quotas for user test1（uid 500）:
    Filesystem      blocks        soft          hard        inodes       soft         hard
    /dev/sda8         60         10240        15360          12           0            0
```

然后，保存修改退出 VI 界面。

6）执行 quotaon 命令，启动配额管理。设置好用户及组的配额限制后，需要使用 quotaon 命令来启动硬盘配额管理功能。其命令格式如下：

```
［root@ localhost ~ ］# quotaon – avug
```

如果要关闭硬盘配额管理功能，则需使用 quotaoff 命令

```
［root@ localhost ~ ］# quotaoff – avug
```

2.2 实现硬盘配额的实例

【例 9-2】 要求对在例 9-1 中的分区/dev/hda1 上实现配额限制，用户空间限制为 10MB。在例 9-1 的基础上，增加如下步骤：

1）修改/etc/fstab 文件，加入用户配额信息。

```
［root@ bogon ~ ］# vi /etc/fstab    //编辑 fstab 文件。
```

文件/etc/fstab 的内容如下：

```
/dev/VolGroup00/LogVol00    /            ext3      defaults           1 1
LABEL = /boot               /boot        ext3      defaults           1 2
tmpfs                       /dev/shm     tmpfs     defaults           0 0
devpts                      /dev/pts     devpts    gid = 5 ,mode = 620 0 0
sysfs                       /sys         sysfs     defaults           0 0
proc                        /proc        proc      defaults           0 0
/dev/VolGroup00/LogVol01    swap         swap      defaults           0 0
# Beginning of the block added by the VMware software
. host:/                    /mnt/hgfs    vmhgfs    defaults,ttl = 5    0 0
```

```
# End of the block added by the VMware software
/dev/hda1          /hda1     ext2     defaults, usrquota        0 0           //这是更改的部分
/dev/hda2          /hda2     ext2     defaults          0 0
/dev/hda5          /hda5     ext2     defaults          0 0
/dev/hda1          swap      swap     defaults          0 0
/dev/hda7          /hda7     ext2     defaults          0 0
```

2）重新安装/dev/hda1 文件系统并查看其是否生效。

```
[root@ bogon ~]# mount - o remount /dev/hda1          //使用 remount 选项重新安装
[root@ bogon ~]# mount
/dev/mapper/VolGroup00 - LogVol00 on / type ext3（rw）
proc on /proc type proc（rw）
sysfs on /sys type sysfs（rw）
devpts on /dev/pts type devpts（rw, gid = 5, mode = 620）
/dev/sda1 on /boot type ext3（rw）
tmpfs on /dev/shm type tmpfs（rw）
/dev/hda1 on /hda1 type ext2（rw, usrquota）          //配额已经生效
/dev/hda2 on /hda2 type ext2（rw）
/dev/hda5 on /hda5 type ext2（rw）
/dev/hda7 on /hda7 type ext2（rw）
none on /proc/sys/fs/binfmt_misc type binfmt_misc（rw）
none on /proc/fs/vmblock/mountPoint type vmblock（rw）
```

3）使用 quotacheck 命令建立 aquota. user 文件。

```
[root@ bogon hda1]# quotacheck - auvg
quotacheck：Scanning /dev/hda1 [/hda1] quotacheck：Old group file not found. Usage will not be substracted.
done
quotacheck：Checked 3 directories and 2 files
[root@ bogon hda1]# pwd
/hda1
[root@ bogon hda1]# ls
aquota. user    lost + found
```

4）建立测试用户 user1，使其主目录建立在/hda1 下。

```
[root@ bogon hda1]# useradd - d /hda1/user1 user1
[root@ bogon hda1]# ls /hda1
aquota. user    lost + found    user1
```

5）使用 edquota 命令编辑用户 user1 的配额。

```
[root@ bogon hda1]# edquota - u user1
```

user1 的配额限制采用 blocks 限制，10MB，相当于 10000blocks，内容如下：

Disk quotas for user user1 （uid 500）：

Filesystem	blocks	soft	hard	inodes	soft	hard
/dev/hda1	0	10000	10000	0		

6）使用 quotaon 命令启用配额管理并查看配额使用情况。

```
[root@ bogon hda1]# quotaon － auvg
/dev/hda1 [/hda1]：user quotas turned on
[root@ bogon hda1]# repquota － auvg          //用 repquota 报告当前配额使用情况
＊＊＊ Report for user quotas on device /dev/hda1
Block grace time：7days；Inode grace time：7days
```

		Block limits				File limits		
User		used	soft	hard	grace	used	soft	hard	grace

```
User            used    soft   hard  grace     used   soft  hard  grace
------------------------------------------------
root      ——   1550      0      0              3      0     0
user1     ——      0   10000  10000              0      0     0

Statistics：
Total blocks：7
Data blocks：1
Entries：2
Used average：2.000000
```

7）切换到 user1 用户，从其他目录向主目录中复制文件，查看操作提示。

```
[root@ bogon hda1]# su － user1
[user1@ bogon ~]$ cp － R /etc .
cp：无法创建一般文件“./wvdial.conf”：超出硬盘限额
cp：无法创建目录 “./X11”：超出硬盘限额
cp：无法创建目录 “./xdg”：超出硬盘限额
cp：无法创建一般文件“./xinetd.conf”：超出硬盘限额
cp：无法创建目录 “./xinetd.d”：超出硬盘限额
cp：无法创建目录 “./xml”：超出硬盘限额
cp：无法创建一般文件“./yp.conf”：超出硬盘限额
```

```
cp：无法创建目录 “./yum”：超出硬盘限额
cp：无法创建一般文件“./yum.conf”：超出硬盘限额
cp：无法创建目录 “./yum.repos.d”：超出硬盘限额
[user1@ bogon ~]$
```

可以看到 user1 在复制时已经超出其 10MB 的硬盘空间使用限制，显示超出硬盘配额限制。

8）再次切换回 root，显示配额的使用情况。

```
[user1@ bogon ~] $ su - root
Password:
[root@ bogon ~]# repquota - auvg
* * * Report for user quotas on device /dev/hda1
Block grace time: 7days; Inode grace time: 7days
                        Block limits                    File limits
User           used    soft    hard    grace    used    soft    hard    grace
------------------------------------------------------------------------
root      --     1550       0       0                3       0       0
user1     --    10000   10000   10000              402       0       0

Statistics:
Total blocks: 7
Data blocks: 1
Entries: 2
Used average: 2.000000
```

用户 user1 的 10MB 空间配额已经使用完毕。

项目小结

Linux 中的硬盘在使用前必须进行分区并格式化,然后经过挂载才能进行文件存取操作。fdisk 用于对硬盘进行分区,mkfs 用于对分区进行格式化。

根据/etc/fstab 文件的默认设置,硬盘上的各文件系统(硬盘分区)在 Linux 启动时自动挂载到指定的目录,并在关机时自动卸载。而移动存储介质既可以在启动时自动挂载,也可以在需要时进行手工挂载和卸载。编辑/etc/fstab 文件可实现移动存储介质启动时的自动挂载,而用户挂载和卸载工具(mount 和 umount)可实现手工挂载和卸载。

Linux 可实现用户级和组级的文件系统配额管理,对文件系统可以只采用用户级或组级配额管理,也可以同时采用用户级和组级配额管理。

项目 10　Linux 下的网络管理

Linux 最为突出的一个特点在于其内置的网络支持。本项目将介绍 Linux 环境下网络服务的相关概念、配置文件、基本的网络配置命令与常用网络服务的配置。

任务 1　Linux 的网络配置基础

1.1　网络的相关概念

1. IP 地址

网络主机拥有 IP 地址是正常相互通信的基础，目前的 IP 地址有 IPv4 和 IPv6 两种版本。IPv4 版本使用 4 字节（32 位）表示一个网络地址，分为 4 组，每组 8 位转换为 0 ~ 255 的一个十进制数，这些数之间有 "." 号分开，称为 "点分十进制"。

例如，二进制 IP 地址 11000000.10101000.00000000.00000001 对应的十进制 IP 地址为 192.168.0.1。

一个二进制 IP 地址格式总体上来讲可分为两部分（网络位 + 主机位），网络位表示 IP 主机属于哪一个网络，主机位表示 IP 主机是该网络中的具体主机。常见的 IP 地址有 A、B、C 三类，见表 10-1。

表 10-1　IP 地址的分类

地 址 类 型	网 络 标 识	主 机 标 识	首字节范围
A	N.0.0.0	0.H.H.H	1 ~ 126
B	N.N.0.0	0.0.H.H	128 ~ 191
C	N.N.N.0	0.0.0.H	192 ~ 223

每类 IPv4 地址都有默认的子网掩码，见表 10-2。

表 10-2　IPv4 地址的默认子网掩码

地 址 类 型	默认广播地址	默认网络地址	默认网络掩码
A	X.255.255.255	X.0.0.0	255.0.0.0
B	X.X.255.255	X.X.0.0	255.255.0.0
C	X.X.X.255	X.X.X.0	255.255.255.0

2. 网关

网关（Gateway）是一个网络连接到另一个网络的 "关口"，同一网段的主机可以相互通信，不同网段的主机必须通过网关才能进行通信。例如，网络 A 中主机发现数据包的目的主机不在本地网络中，就把数据包转发给它自己的网关，再由网关转发给网络 B 的网关，网络 B 的网关再转发给网络 B 的某个主机（见图 10-1）。

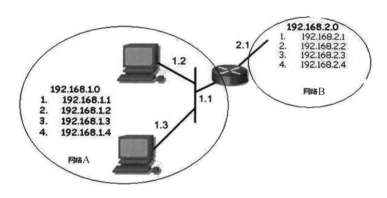

图 10-1 网络 A 和 B 之间的通信图示

3．DNS

网络中源主机使用域名访问目标主机时，必须把域名转换为 IP 地址，因为网络中最终是使用 IP 地址来找到目标机器的，这个过程叫域名解析，完成这个功能的就是 DNS（Domain Name System，域名系统），它完成域名到 IP 地址（正向解析）或 IP 地址到域名（反向解析）的功能。

4．网络接口

Linux 内核中定义了不同的网络接口，主要有以下两种：

1）lo 接口。lo 接口表示本地回送接口，用于网络测试及本地主机各网络进程之间的通信。

2）eth 接口。eth（Ethernet，以太网）接口表示网卡设备接口，附加数字表示物理网卡的序号，从 0 开始。例如，eth0 表示第一块以太网卡，eth1 表示第二块以太网卡，以此类推。

1.2 网络的相关配置文件

与网络相关的一些配置文件一般都在/etc 目录下。

1．/etc/hosts 文件

host 文件包含了 IP 地址和主机名之间的对应关系，是早期实现主机名称解析的一种方法。文件中的一行对应一条记录，它由 3 个字段组成，分别表示"IP 地址""主机完全域名""别名"（可选），该文件的默认内容如下：

```
# Do not remove the following line, or various programs
# that require network functionality will fail.
127. 0. 0. 1                    localhost. localdomain localhost
```

2. /etc/resolv. conf 文件

该文件的内容是 DNS 客户端在配置网络连接时所指定使用的 DNS 服务器信息。配置信息主要是 nameserver，用于指定 DNS 服务器的 IP 地址。

下面是一个 resolv. conf 文件的示例。

```
nameserver 218. 28. 91. 99
nameserver 202. 102. 227. 68
```

3. /etc/sysconfig/network – scripts 目录

此目录包含网络接口的配置文件以及部分网络命令。每个网络接口对应一个配置文件，配置文件的名称通过如下格式：ifcfg – 网卡类型以及网卡的序号。

ifcfg – eth0：第一块网卡的配置文件。

ifcfg – lo：本地回送接口的配置文件。

例如，某个 ifcfg – eth0 的配置文件的内容如下：

```
DEVICE = eth0
ONBOOT = yes
BOOTPROTO = static
IPADDR = 192. 168. 218. 160
NETMASK = 255. 255. 255. 0
GATEWAY = 192. 168. 218. 1
```

1.3　查看及测试网络配置

1. 查看网络接口信息

命令格式如下：

```
ifconfig　　[ – a]　　[网络接口名]
```

常用选项的说明如下。

– a：查看所有接口，不论接口是否活跃。

网络接口名：只显指定接口。

【例 10-1】显示当前所有网络接口信息

```
[root@ bogon ~]# ifconfig – a          //选项 a 表示所有的接口
eth0      Link encap:Ethernet   HWaddr 00:0C:29:EF:B6:02
          inet addr:192. 168. 137. 131   Bcast:192. 168. 137. 255   Mask:255. 255. 255. 0
          inet6 addr: fe80::20c:29ff:feef:b602/64 Scope:Link
          UP BROADCAST RUNNING MULTICAST   MTU:1500   Metric:1
          RX packets:1370 errors:0 dropped:0 overruns:0 frame:0
          TX packets:1661 errors:0 dropped:0 overruns:0 carrier:0
          collisions:0 txqueuelen:1000
```

```
              RX bytes:107960 (105. 4 KiB)    TX bytes:208439 (203. 5 KiB)
              Interrupt:67 Base address:0x2024
lo            Link encap:Local Loopback
              inet addr:127. 0. 0. 1    Mask:255. 0. 0. 0
              inet6 addr: ::1/128 Scope:Host
              UP LOOPBACK RUNNING    MTU:16436    Metric:1
              RX packets:854 errors:0 dropped:0 overruns:0 frame:0
              TX packets:854 errors:0 dropped:0 overruns:0 carrier:0
              collisions:0 txqueuelen:0
              RX bytes:1783160 (1. 7 MiB)    TX bytes:1783160 (1. 7 MiB)
sit0          Link encap:IPv6 – in – IPv4
              NOARP    MTU:1480    Metric:1
              RX packets:0 errors:0 dropped:0 overruns:0 frame:0
              TX packets:0 errors:0 dropped:0 overruns:0 carrier:0
              collisions:0 txqueuelen:0
              RX bytes:0 (0. 0 b)    TX bytes:0 (0. 0 b)
```

【例 10-2】 显示指定接口 eth0 的信息。

```
[root@ localhost network – scripts]# ifconfig eth0
eth0          Link encap:Ethernet    HWaddr 00:0C:29:EF:B6:02
              inet addr:192. 168. 137. 131    Bcast:192. 168. 137. 255    Mask:255. 255. 255. 0
              inet6 addr: fe80::20c:29ff:feef:b602/64 Scope:Link
              UP BROADCAST RUNNING MULTICAST    MTU:1500    Metric:1
              RX packets:1408 errors:0 dropped:0 overruns:0 frame:0
              TX packets:1705 errors:0 dropped:0 overruns:0 carrier:0
              collisions:0 txqueuelen:1000
              RX bytes:110930 (108. 3 KiB)    TX bytes:214287 (209. 2 KiB)
              Interrupt:67 Base address:0x2024
```

2. 测试网络连接状态

命令格式如下：

```
:ping  [ – c  次数]  目标主机 IP 或名称
```

【例 10-3】 向 IP 地址 192. 168. 0. 1 发送 3 个 ping 包，测试是否连通。

```
[root@ localhost network – scripts]# ping  – c 3 192. 168. 0. 1
PING 192. 168. 0. 1 (192. 168. 0. 1) 56(84) bytes of data.
64 bytes from 192. 168. 0. 1: icmp_seq = 0 ttl = 128 time = 2. 07 ms
64 bytes from 192. 168. 0. 1: icmp_seq = 1 ttl = 128 time = 0. 992 ms
64 bytes from 192. 168. 0. 1: icmp_seq = 2 ttl = 128 time = 1. 93 ms

––– 192. 168. 0. 1 ping statistics –––
3 packets transmitted, 3 received, 0% packet loss, time 2001ms
rtt min/avg/max/mdev = 0. 992/1. 668/2. 079/0. 481 ms, pipe 2
```

3. 查看主机路由信息

命令格式如下：

route

【例 10-4】 显示本机的路由信息。

```
[root@ bogon  ~ ]# route
Kernel IP routing table
Destination      Gateway        Genmask        Flags Metric Ref    Use Iface
192.168.137.0    *              255.255.255.0  U     0      0      0 eth0
169.254.0.0      *              255.255.0.0    U     0      0      0 eth0
default          bogon          0.0.0.0        UG    0      0      0 eth0
```

注：在显示的信息中，目标地址和掩码均为 0.0.0.0 则表示默认路由，标志显示为 UG，U 表示 UP（激活的），G 表示 Gateway。

4. 查看或设置主机名称

命令格式如下：

hostname   [主机名称]

【例 10-5】 显示当前的主机名及设置主机名为 Linux。

```
[root@ localhost network – scripts]# hostname
localhost.localdomain
[root@ localhost network – scripts]# hostname Linux
[root@ localhost network – scripts]# hostname
Linux
```

5. 测试 DNS 服务器是否能正常解析

命令格式如下：

nslookup   目标主机名或 IP   [DNS 服务器 IP]

【例 10-6】 使用默认配置的 DNS 服务器解析 www.centos.org。

```
[root@ bogon  ~ ]# nslookup www.centos.org
Server:          192.168.137.2
Address:         192.168.137.2#53

Non – authoritative answer:
Name:    www.centos.org
Address: 85.12.30.227
```

【例 10-7】 使用规定的 DNS 服务器解析 www.centos.org。

```
[root@ bogon  ~ ]# nslookup www.centos.org 202.102.227.68
Server:          202.102.227.68
Address:         202.102.227.68#53
```

Non – authoritative answer：
Name：　www. centos. org
Address：85. 12. 30. 227

1.4　使用命令调整网络参数

使用命令行修改网卡参数，其命令格式如下：

ifconfig　接口名　ip 地址　［netmask 子网掩码］

或者

ifconfig　接口名　ip 地址［/网络前缀］

注： 如果在配置时没有指定子网掩码，则按照每类地址的默认子网掩码进行配置。

【例 10-8】配置 eth0 的地址为 192. 168. 10. 1，掩码为 255. 0. 0. 0。

```
[root@ localhost /]# ifconfig eth0 192. 168. 10. 1 netmask 255. 0. 0. 0
[root@ localhost /]# ifconfig eth0
eth0          Link encap：Ethernet    HWaddr 00：0C：29：61：94：D0
              inet addr：192. 168. 10. 1   Bcast：192. 255. 255. 255   Mask：255. 0. 0. 0

[root@ localhost /]# ifconfig eth0 192. 168. 10. 3/24
[root@ localhost /]# ifconfig eth0
eth0          Link encap：Ethernet    HWaddr 00：0C：29：61：94：D0
              inet addr：192. 168. 10. 3   Bcast：192. 168. 10. 255   Mask：255. 255. 255. 0
```

也可以使用如下命令格式：

ifconfig　接口名　down［/up］

【例 10-9】将网络接口 eth0 的状态改为 down。

```
[root@ localhost /]# ifconfig eth0 down
```

然后再使用命令 ifconfig，由于 eth0 接口未激活，其信息并不显示。

1.5　通过配置文件修改网络参数

1. 网卡参数

进入目录/etc/sysconfig/network – scripts/，查看网络接口 eth0 的配置文件 ifcfg – eth0。

```
[root@ localhost /]# cd /etc/sysconfig/network – scripts/
[root@ localhost network – scripts]# cat ifcfg – eth0
DEVICE = eth0
ONBOOT = yes
BOOTPROTO = dhcp
```

在配置文件中，“ = ”号左边的部分相当于关键字，使用大写，右边的是对应的值，每部分的含义如下。

DEVICE：对应的网卡设备名，如 eth0 或 eth1。

ONBOOT：是否在启动时激活，yes/no。

BOOTPROTO：采用的启动协议，static 为静态指定 IP，dhcp 为动态分配。

IPADDR：IP 地址。

NETMASK：网络掩码。

GATEWAY：网关。

【例 10-10】更改 eth0 的 IP 地址为 192.168.137.137，掩码为 24 位，网关为 192.168.137.1，设置为系统启动。

1）进入 /etc/sysconfig/network – scripts 目录，编辑 ifcfg – eth0 文件。

```
[root@ localhost /]# cd /etc/sysconfig/network – scripts/
[root@ localhost network – scripts]# vi ifcfg – eth0
```

2）修改文件内容如下并保存退出（注意大小写）。

```
# Advanced Micro Devices [AMD] 79c970 [PCnet32 LANCE]
DEVICE = eth0
BOOTPROTO = static
HWADDR = 00:0c:29:29:3f:26
ONBOOT = yes
TYPE = Ethernet
IPADDR = 192.168.137.137
NETMASK = 255.255.255.0
GATEWAY = 192.168.137.1
```

3）重新启动网络服务并查看。

```
[root@ bogon network – scripts]# service network restart
Shutting down interface eth0:                          [  OK  ]
Shutting down loopback interface:                      [  OK  ]
Bringing up loopback interface:                        [  OK  ]
Bringing up interface eth0:                            [  OK  ]
[root@ bogon network – scripts]# ifconfig eth0
eth0      Link encap:Ethernet   HWaddr 00:0C:29:29:3F:26
          inet addr:192.168.137.137  Bcast:192.168.137.255   Mask:255.255.255.0
          inet6 addr: fe80::20c:29ff:fe29:3f26/64 Scope:Link
          UP BROADCAST RUNNING MULTICAST   MTU:1500   Metric:1
          RX packets:2244 errors:0 dropped:0 overruns:0 frame:0
          TX packets:1258 errors:0 dropped:0 overruns:0 carrier:0
          collisions:0 txqueuelen:1000
          RX bytes:205449 (200.6 KiB)   TX bytes:171195 (167.1 KiB)
          Interrupt:67 Base address:0x2024
[root@ bogon network – scripts]#
```

2. 修改主机名

【例 10-11】修改主机的主机名为 Linux，重新启动系统后仍然有效。

1）进入目录/etc/sysconfig/，编辑 network 文件。

```
[root@ localhost /]# cd /etc/sysconfig
[root@ localhost sysconfig]# vi network
```

2）更改内容如下，并保存退出。

```
NETWORKING = yes
HOSTNAME = Linux
```

3）重新启动系统并查看。

```
[root@ bogon ~]# hostname
Linux
[root@ bogon ~]#
```

3. 配置 DNS 服务器 IP

【例 10-12】配置主机的客户端上网的 DNS 服务器地址为 202. 102. 227. 68。

1）进入/etc/目录，编辑 resolv. conf 文件。

```
[root@ localhost ~]# cd /etc
[root@ localhost etc]# vi resolv. conf
```

2）更改文件内容如下（只一行即可），保存退出即可生效。

```
nameserver 202. 102. 227. 68
```

4. 配置本地的域名解析记录

【例 10-13】配置本机的 hosts 域名解析记录，增加一条指向 www. edu. cn （202. 205. 109. 205）的记录以实现快速解析。

1）进入/etc/目录，编辑 hosts 文件。

```
[root@ localhost ~]# cd /etc
[root@ localhost etc]# vi hosts
```

2）更改文件内容如下，保存退出即可生效。

```
# Do not remove the following line, or various programs
# that require network functionality will fail.
127. 0. 0. 1                      localhost. localdomain localhost
202. 205. 109. 205 www. edu. cn
```

1.6 使用 setup 命令修改网络参数

setup 命令是一个设置公用程序，提供图形界面的操作方式，使用〈Tab〉键在不同的选项之间跳变。在 setup 中可设置多类选项，其中有网络配置，具体的设置按照提示操作即可。在 network 的设置界面上，用户可以设置网络接口的 IP 地址、子网掩码、网关和 DNS（见图 10-2）。

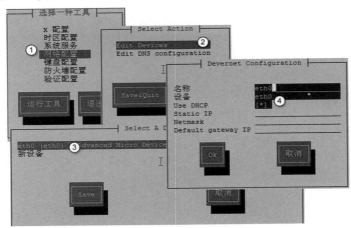

图 10-2　使用 setup 设置网络

1.7　Linux 下网络服务的分类

Linux 的服务可分为两类：独立性服务和依赖性服务。独立性服务有自己的守护进程，依赖性服务指这些服务都依赖于一个守护进程，在 CentOS 5.4 下，这个守护进程为xinetd，这些守护进程对应的运行脚本在/etc/rc. d/init. d/目录下。

1. 独立性服务

运行于 Linux 下独立服务的常用网络软件及其守护进程名见表 10-3（以 CentOS 5.4 为例）。

表 10-3　Linux 常用网络服务

网络服务名称	软件包名称	守护进程名	配置文件
DNS 服务	bind	named	named. conf
Samba 服务	samba	smb	smb. conf
DHCP 服务	dhcpd	dhcpd	dhcpd. conf
MAIL 服务	sendmail、dovecot	sendmail、dovecot	sendmail. cf、dovecot. conf
FTP 服务	vsftpd	vsftpd	vsftpd. conf
防火墙服务	iptables	iptables	/
WWW 服务	httpd	httpd	httpd. conf

在 Linux 中，网络服务所对应守护进程的脚本在/etc/rc. d/init. d/目录下，脚本名称与服务名称相对应。下面在 Linux 下列出系统中安装的服务对应的脚本（部分截图）。

```
[ root@ localhost /]# ls /etc/rc. d/init. d/
acpid           halt            netplugd          sendmail
anacron         hidd            network           single
apmd            httpd           NetworkManager    smartd
```

arptables_jf	iiim	nfs	smb
atd	innd	nfslock	spamassassin

2. 依 赖 性 服 务

Linux 下所谓的依赖性服务是指这些服务被其他进程所管理，这个进程叫超级守护进程，在 Red Hat Enterprise 7 以前的名称为 inetd，现在为 xinetd。

xinetd. conf 的默认配置内容如下（//后为编者加注的说明）：

```
# Simple configuration file for xinetd
# Some defaults, and include /etc/xinetd. d/
defaults
{
        instances         = 60              //可以启动的实例的最大值
        log_type          = SYSLOG authpriv //日志类型
        log_on_success    = HOST PID        //登录成功的日志选项
        log_on_failure    = HOST            //登录失败的日志选项
        cps               = 50 10           //每秒的连接数及服务启动间隔
}
includedir /etc/xinetd. d                    //管理的进程所在的目录
```

进入/etc/xinetd. d 目录，列表中显示 xinetd 进程管理的所有服务如下：

```
[root@ localhost /]# ls /etc/xinetd. d
chargen          daytime        echo – udp  gssftp       kshell   time
chargen – udp  daytime – udp eklogin     klogin       rsync    time – udp
cups – lpd      echo           finger      krb5 – telnet tftp
```

例如，tftp 文件是简单文件传输协议的服务描述文件，这个协议在使用终端配置网络设备的时候经常使用。tftp 的默认内容如下（省略文件前面的注释，//后为编者加的注释）：

```
[root@ localhost /]# cd /etc/xinetd. d
[root@ localhost xinetd. d]# cat tftp
service tftp              //服务名
{
        disable       = yes//默认服务禁止
        socket_type   = dgram
        protocol      = udp
        wait          = yes
        user          = root
        server        = /usr/sbin/in. tftpd
        server_args   = – s /tftpboot
        per_source    = 11
        cps           = 100 2
        flags         = IPv4
}
```

1.8　Linux 下网络服务的配置方法

1．查看及配置服务的启动状态

（1）ntsysv 命令

该命令读取 Linux 下配置的服务并以窗口方式显示出来。如图 10-3 所示，方括号内如果为"＊"表示该服务在系统启动时自动打开，可用〈Space〉键选取是否打开，使用〈Tab〉键在各选项之间跳变。

（2）service 命令

命令格式如下：

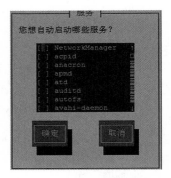

图 10-3　ntsysv 操作界面

service 服务守护进程名{start|stop|restart|status}

守护进程名和/etc/rc. d/init. d/目录下的文件名对应，使用 service 命令可以启动、停止、重新启动及查看一个进程的状态。更改了一个服务的相关配置后，必须重启此服务的守护进程才能使更改生效。例如，重新启动 www 进程，可使用如下命令：

#service　httpd　restart

（3）chkconfig 命令

此命令可以查看、设置服务的启动状态。

查看服务的启动状态，命令格式如下：

chkconfig　－－list

设置服务的启动状态，命令格式如下：

chkconfig　－－level　<运行级别列表>　<服务守护进程名>　<on | off | reset>

设置依赖性服务的启动状态，命令格式如下：

chkconfig　<服务名称>　<on | off | reset>

【例 10-14】查看系统中所有安装的服务的启动状态（以下显示部分内容）。

[root@ bogon ~]# chkconfig －－list				//列出所有服务		
NetworkManager	0:off	1:off	2:off	3:off	4:off	5:off	6:off
acpid	0:off	1:off	2:on	3:off	4:on	5:off	6:off
anacron	0:off	1:off	2:on	3:off	4:on	5:off	6:off
apmd	0:off	1:off	2:on	3:off	4:on	5:off	6:off
atd	0:off	1:off	2:off	3:off	4:on	5:on	6:off
firstboot	0:off	1:off	2:off	3:off	4:off	5:off	6:off
gpm	0:off	1:off	2:on	3:off	4:on	5:off	6:off
haldaemon	0:off	1:off	2:off	3:off	4:off	5:off	6:off
hidd	0:off	1:off	2:on	3:off	4:on	5:off	6:off
hplip	0:off	1:off	2:off	3:off	4:on	5:off	6:off
tcsd	0:off	1:off	2:off	3:off	4:off	5:off	6:off

```
tux              0:off  1:off  2:off  3:off  4:off  5:off  6:off
vmware - tools   0:off  1:off  2:on   3:on   4:off  5:on   6:off
vncserver        0:off  1:off  2:off  3:off  4:off  5:off  6:off
vsftpd           0:off  1:off  2:off  3:off  4:off  5:off  6:off
wdaemon          0:off  1:off  2:off  3:off  4:off  5:off  6:off
winbind          0:off  1:off  2:off  3:off  4:off  5:off  6:off
wpa_supplicant   0:off  1:off  2:off  3:off  4:off  5:off  6:off
xfs              0:off  1:off  2:on   3:on   4:on   5:off  6:off
xinetd           0:off  1:off  2:off  3:on   4:on   5:off  6:off
ypbind           0:off  1:off  2:off  3:off  4:off  5:off  6:off
yum - updatesd   0:off  1:off  2:on   3:off  4:on   5:off  6:off

xinetd based services:            //依赖性服务的启动状态
        chargen - dgram: off
        chargen - stream: off
        cvs:             off
        daytime - dgram: off
        daytime - stream: off
        discard - dgram: off
        rmcp:            off
        rsync:           off
        tcpmux - server: off
        time - dgram:    off
        time - stream:   off
[root@ bogon  ~]#
```

例如 vsftpd 服务，在运行级别 0～6 时关闭，对于由 xinetd 管理的服务如 cvs，在系统启动时的状态为关闭。

【例 10-15】 设置系统服务 kudzu 在不同运行级别下打开/关闭。

```
[root@ bogon  ~]# chkconfig -- level 12345 kudzu off
[root@ bogon  ~]# chkconfig -- list kudzu
kudzu           0:off  1:off  2:off  3:off  4:off  5:off  6:off
[root@ bogon  ~]# chkconfig -- level 12345 kudzu on
[root@ bogon  ~]# chkconfig -- list kudzu              //因状态 0、6 没有设置
kudzu           0:off  1:on   2:on   3:on   4:on   5:on   6:off
[root@ bogon  ~]#
```

2. 网络服务的配置方法

（1）独立性服务的配置方法

独立性服务的配置要求了解服务的软件包名、守护进程名和配置文件名。软件包名是服务源文件名，用于安装、更新、卸载服务；守护进程名用于服务的启动、停止；配置文件是对服务进行配置。更改了服务的配置文件后，还需要重新启动服务，以使更改生效。

（2）依赖性服务的配置方法

依赖性服务的配置与独立性服务类似，下面以安装 Telnet 服务器为例介绍此类服务配置方法。

【例 10-16】在 Linux 下安装 Telnet 服务器并启动 Telnet 服务。

步骤一：装载 Linux 的安装光盘，找到 Telnet 服务程序的源文件（需要在 VMware Workstation 中正确设置安装光盘的源路径，如图 10-4 所示）。

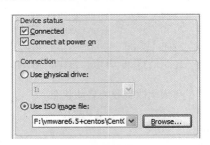

图 10-4　在 VMware 中设置安装光盘的源路径

```
[root@ bogon  ~ ]# mount /dev/cdrom /media
mount：block device /dev/cdrom is write – protected, mounting read – only
[root@ bogon  ~ ]# cd /media/CentOS/
[root@ bogon CentOS]# ls telnet *
telnet – 0. 17 – 39. el5. i386. rpm    telnet – server – 0. 17 – 39. el5. i386. rpm
```

步骤二：安装 Telnet 服务程序并编辑其服务描述文件。

```
[root@ bogon CentOS]# rpm  – ivh telnet – server – 0. 17 – 39. el5. i386. rpm
Preparing...                        ########################################### [100%]
   1：telnet – server            ########################################### [100%]
[root@ localhost RPMS]# cd /etc/xinetd. d
[root@ localhost xinetd. d]# vi telnet
```

步骤三：配置 Telnet 服务的描述文件，更改服务为系统启动时打开，内容如下。

```
# default：on
# description：The telnet server serves telnet sessions；it uses \
#       unencrypted username/password pairs for authentication.
service telnet
{
        flags              = REUSE
        socket_type        = stream
        wait               = no
        user               = root
        server             = /usr/sbin/in. telnetd
        log_on_failure     + = USERID
        disable            = no
}
```

步骤四：重新启动 Xinetd 服务，至此用户可以登录 Telnet 服务器。

```
[root@ localhost xinetd. d]# service xinetd restart
Stopping xinetd：                                    [FAILED]
Starting xinetd：                                    [  OK  ]
[root@ localhost xinetd. d]# telnet 127. 0. 0. 1
Trying 127. 0. 0. 1…
Connected to localhost. localdomain (127. 0. 0. 1).
Escape character is '^]'.
CentOS release 4. 8 (Final)
Kernel 2. 6. 9 – 78. ELsmp on an i686
login：
```

1.9　Linux 的网络安全级别设置

Linux 本身也能够采用多种机制，加强各种服务的安全性，防火墙和 SELinux 是最常采用的措施。选择图形界面下的"系统"→管理"安全级别和防火墙"，打开"安全级别设置"窗口，如图 10-5 所示。

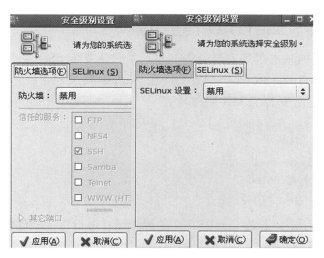

图 10-5　Linux 下的安全级别设置

在 CentOS 5.4 中，由于防火墙和 SELinux 的影响，设置正确的网络服务反而可能测试不正确，因此，在使用 VMware Workstation 的虚拟机环境下，对于初步接触 Linux 并进行网络服务配置的用户，建议关闭防火墙和 SELinux 功能，但这样对 Linux 系统是不安全的。

任务 2　SSH 远程访问配置

2.1　SSH 简介

传统的网络服务程序，如 FTP、POP 和 Telnet 其本质上都是不安全的，因为它们在网络上用明文传送数据、用户账号和用户口令，很容易受到中间人的攻击。SSH（Secure Shell，安全外壳协议）是建立在应用层和传输层基础上的安全协议。

利用 SSH 可以有效防止远程管理过程中的信息泄露问题，透过 SSH 可以对所有传输的数据进行加密，也能够防止 DNS 欺骗和 IP 欺骗，如图 10-6 所示。

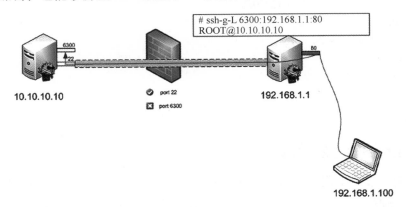

图 10-6　SSH 工作原理

2.2　CentOS 5.4 下的 SSH 服务软件包的安装

作为 CentOS 5.4 的基本服务安装，CentOS 5.4 默认安装 SSH 服务，其服务软件包名为 openssh – server – 4.3p2 – 36.el5，配置文件在/etc/ssh 目录，守护进程为 sshd。

1）查看系统中是否安装了 SSH 服务。

```
[root@ bogon ~ ]# rpm  – qa | grep ssh
openssh – 4.3p2 – 36.el5
openssh – server – 4.3p2 – 36.el5
openssh – clients – 4.3p2 – 36.el5
openssh – askpass – 4.3p2 – 36.el5
```

如果没有安装，还需要装载 CentOS 5.4 的源光盘，进行以上软件包的安装。

2）SSH 服务的启动与停止。

```
[root@ bogon ssh]# service sshd restart          //重新启动服务
Stopping sshd：                                    [  OK  ]
Starting sshd：                                    [  OK  ]
[root@ bogon ssh]# service sshd stop             //停止服务
Stopping sshd：                                    [  OK  ]
[root@ bogon ssh]# service sshd start            //启动服务
Starting sshd：                                    [  OK  ]
[root@ bogon ssh]# service sshd status           //查看服务状态
openssh – daemon（pid  4007）is running…
```

2.3　SSH 服务的配置

在默认情况下，SSH 服务不需要配置，直接启动即可使用，其配置文件在/etc/ssh 目录下，列表目录如下：

```
[root@ bogon ssh]# cd /etc/ssh
[root@ bogon ssh]# pwd
/etc/ssh
[root@ bogon ssh]# ls
moduli          ssh_host_dsa_key        ssh_host_key. pub
ssh_config      ssh_host_dsa_key. pub    ssh_host_rsa_key
sshd_config     ssh_host_key            ssh_host_rsa_key. pub
```

其中文件 sshd_config 是 SSH 服务的配置文件，可根据需要进行简单的配置。例如一般用户在使用客户端软件登录时用 root 账户登录，就需要配置允许 root 从客户端登录，在配置文件中找到如下一行，把第 39 行"# PermitRootLogin no"改成"PermitRootLogin yes"即可。

```
26 # Lifetime and size of ephemeral version 1 server key
27 #KeyRegenerationInterval 1h
28 #ServerKeyBits 768
29
30 # Logging
31 # obsoletes QuietMode and FascistLogging
32 #SyslogFacility AUTH
33 SyslogFacility AUTHPRIV
34 #LogLevel INFO
35
36 # Authentication：
37
38 #LoginGraceTime 2m
39 PermitRootLogin yes              //改变 no 为 yes,并去掉注释
40 #StrictModes yes
41 #MaxAuthTries 6
42
43 #RSAAuthentication yes
```

2.4　SSH 客户端的使用

1.客户端连接

SSH 客户端软件有许多，其中以 PuTTY 软件最为小巧而常用。在软件共享站点搜索"putty"并下载，无须安装，直接执行即可，其运行界面如图 10-7 所示。

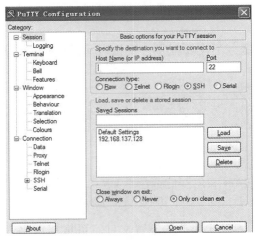

图 10-7　PuTTY 软件界面

在"Host name（or IP address）"文本框中输入要连接的 IP 地址即可，默认"SSH"连接，端口为"22"，还可以在"Saved Settings"中把经常使用的连接 IP 保存，下次直接双击即可连接。

输入用户名 root 和对应密码即可登录，连接界面如图 10-8 所示。

图 10-8　PuTTY 登录窗口

2. 客户端乱码设置

如果客户端软件连接传输编码设置不正确，系统可能会在执行相关程序时产生乱码现象，如在客户端执行 setup 程序时的对话框如图 10-9 所示。

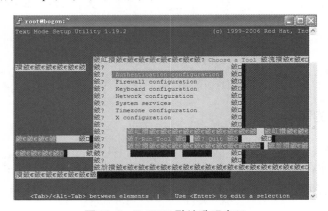

图 10-9　PuTTY 默认乱码窗口

　　这时就需要修改客户端的数据传输编码，单击窗口左上角的 PuTTY 图标，在出现的快捷菜单中选择 "Change Setting" 命令，如图 10-10 所示。

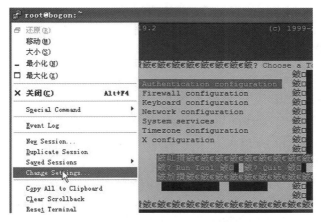

图 10-10　更改 PuTTY 的连接传输设置

　　在出现的对话框窗口中选择 "Windows" → "Translation"，在右边的列表中选择 "UTF-8" 编码格式，如图 10-11 所示，再单击 "Apply" 按钮。

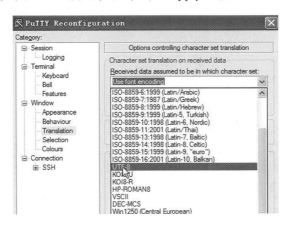

图 10-11　选择 PuTTY 的编码格式

　　退出对话框，再次执行命令 setup，就可以看到如图 10-12 所示的对话框，显示正常。

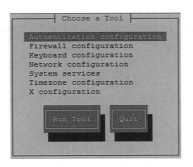

图 10-12　正常显示对话框

客户端连接后，其操作与在 CentOS 5.4 终端界面下的操作相同。

任务3　Linux 下的 DHCP 服务器配置

3.1　DHCP 服务的工作原理

DHCP（Dynamic Host Configuration Protocol，动态主机配置协议）用于在局域网络中给需要 IP 地址（没有静态 IP 或 IP 地址不够用）的主机动态分配 IP 地址。

在 DHCP 地址方案中，采用 Client/Server 模式，请求 IP 地址的计算机被称为 DHCP 客户端，而负责给 DHCP 客户端分配 IP 地址的计算机称为 DHCP 服务器。

其工作原理过程如图 10-13 所示。

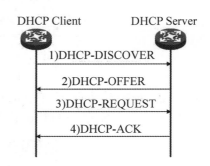

1）DHCP 客户机启动时，客户机在当前的子网中广播 DHCP-DISCOVER 报文。

2）DHCP 服务器收到 DHCPDISCOVER 报文后，以 DHCP-OFFER 报文送回给主机。

3）客户端收到 DHCPOFFER 后，向服务器发送 DHCP-REQUEST 报文，请求 IP 地址。

4）DHCP 服务器向客户机发回应答报文 DHCP-ACK，含分配的 IP 地址。

图 10-13　DHCP 的工作过程

3.2　DHCP 服务源软件包安装

安装 DHCP 服务的步骤如下：

1）查看系统中是否安装了该服务。

```
[root@ bogon xinetd. d]# rpm  – qa ｜ grep dhcp *
dhcpv6 – client – 1. 0. 10 – 17. el5
dhclient – 3. 0. 5 – 21. el5
```

该操作显示系统中已经安装的软件包中没有 DHCP 服务软件包。

2）在 VMware Workstation 中如前述部分正确设置光盘镜像并装载光驱，安装相应的软件包。

```
[root@ bogon  ~ ]# mount /dev/cdrom /media
mount：block device /dev/cdrom is write – protected, mounting read – only
[root@ bogon  ~ ]# cd /media/CentOS/
[root@ bogon CentOS]# ls dhcp *
dhcp – 3. 0. 5 – 21. el5. i386. rpm        dhcpv6 – 1. 0. 10 – 17. el5. i386. rpm
dhcp – devel – 3. 0. 5 – 21. el5. i386. rpm    dhcpv6 – client – 1. 0. 10 – 17. el5. i386. rpm
[root@ bogon CentOS]#
[root@ bogon CentOS]# rpm  – ivh dhcp – 3. 0. 5 – 21. el5. i386. rpm
Preparing...              ######################################### [100%]
   1：dhcp                ######################################### [100%]
```

3.3　DHCP 服务的配置

DHCP 服务的配置文件为/etc/dhcpd. conf，守护进程为 dhcpd，DHCP 服务源软件包安装后，生成 dhcpd. conf. sample 配置模板文件。

配置 DHCP 服务器的 IP 地址为 192. 168. 0. 1/24。

1. 复制模板配置文件

```
[root@ bogon CentOS]# find / – name dhcpd. conf. sample
/usr/share/doc/dhcp – 3. 0. 5/dhcpd. conf. sample
[root@ bogon CentOS]# cp /usr/share/doc/dhcp – 3. 0. 5/dhcpd. conf. sample /etc/dhcpd. conf
cp: overwrite '/etc/dhcpd. conf'? y
```

2. 配置 dhcpd. conf

默认的 dhcpd. conf 内容如下（//后为编者注释）：

```
ddns – update – style interim;          //设置 DHCP 服务器与 DNS 服务器的动态信息更新模式
ignore client – updates;        //忽略客户端更新
subnet 192. 168. 0. 0 netmask 255. 255. 255. 0 {    //声明设置子网信息
# ––– default gateway
        option routers                    192. 168. 0. 1;         //设置默认网关
        option subnet – mask              255. 255. 255. 0;
        option nis – domain               "domain. org";        //设置域名及 DNS
        option domain – name              "domain. org";
        option domain – name – servers    192. 168. 1. 1;
        option time – offset              – 18000; # Eastern Standard Time    //设置时间同步信息
#       option ntp – servers              192. 168. 1. 1;
#       option netbios – name – servers   192. 168. 1. 1;
# ––– Selects point – to – point node (default is hybrid). Don't change this unless
# –– you understand Netbios very well
#       option netbios – node – type 2;
        range dynamic – bootp 192. 168. 0. 128 192. 168. 0. 254;    //设置地址池、默认租约时间、最
                                                                 //大租约时间
        default – lease – time 21600;
        max – lease – time 43200;
        # we want the nameserver to appear at a fixed address
        host ns {                  //指定固定的 IP 给名为 ns(MAC 固定)的主机
                next – server marvin. redhat. com;
                hardware ethernet 12:34:56:78:AB:CD;
                fixed – address 207. 175. 42. 254;
        }
}
```

对于一般的 DHCP 配置，只需要设置子网信息（subnet）和 IP 范围（range dynamic –

bootp），并确保 DHCP 服务器的 IP 地址、subnet 子网与子网范围在一个网段，默认 subnet 为 192. 168. 0. 0/24，IP 范围为 192. 168. 0. 128 ~ 192. 168. 0. 254。

    配置完成后，保存退出并重新启动 dhcpd 进程，使配置生效，保证 dhcpd 在 start 启动时提示信息为［OK］。

```
［root@ localhost /］# service dhcpd restart
Shutting down dhcpd：                                  ［FAILED］
Starting dhcpd：                                       ［  OK  ］
```

3.4　DHCP 客户端的设置与测试

    假设 DHCP 服务器的 IP 为 192. 168. 0. 1，dhcp 的 subnet 为 192. 168. 0. 0/24，IP 范围为 192. 168. 0. 100 ~ 192. 168. 0. 110。

    1. Windows 客户端的配置与测试

    在桌面的"网络邻居"→"属性"中设置 TCP/IP 的常规属性为"自动获取 IP 地址"，使用命令 ipconfig/release 释放现在的 IP 地址，用 ipconfig/renew 重新获取 IP 地址，如图 10-14 所示。

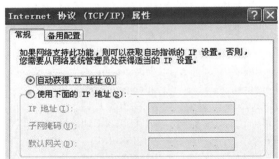

图 10-14　TCP/IP 属性配置

```
C：\Documents and Settings\Administrator > ipconfig/release
Windows IP Configuration
Ethernet adapter 本地连接：
        Connection – specific DNS Suffix                     //释放后的 IP 地址为空
        IP Address. . . . . . . . . . . . : 0. 0. 0. 0
        Subnet Mask . . . . . . . . . . . : 0. 0. 0. 0
        Default Gateway . . . . . . . . . .
C：\Documents and Settings\Administrator > ipconfig/renew
Windows IP Configuration
Ethernet adapter 本地连接：
        Connection – specific DNS Suffix   . : domain. org
        IP Address. . . . . . . . . . . . : 192. 168. 0. 109     //新获取的 IP 地址
        Subnet Mask . . . . . . . . . . . : 255. 255. 255. 0
        Default Gateway . . . . . . . . . : 192. 168. 0. 1
```

Windows 客户端成功获取了 DHCP 服务器分配的 IP 地址 192.168.0.109。

2. Linux 客户端的配置与测试

编辑/etc/sysconfig/network – scripts/ifcfg – eth0 文件，IP 地址的获取方式为 DHCP，内容如下：

```
DEVICE = eth0
ONBOOT = yes
BOOTPROTO = dhcp
```

保存退出后执行以下命令：

```
[root@ localhost ~]# service network restart
Shutting down interface eth0：                          [   OK   ]
Shutting down loopback interface：                       [   OK   ]
Setting network parameters：                            [   OK   ]
Bringing up loopback interface：                         [   OK   ]
Bringing up interface eth0：                             [   OK   ]
[root@ localhost ~]# ifconfig eth0
eth0        Link encap：Ethernet   HWaddr 00：0C：29：14：EE：C7
            inet addr：192.168.0.108   Bcast：192.168.0.255   Mask：255.255.255.0
            inet6 addr：fe80：：20c：29ff：fe14：eec7/64 Scope：Link
            UP BROADCAST RUNNING MULTICAST   MTU：1500   Metric：1
            RX packets：2904 errors：0 dropped：0 overruns：0 frame：0
            TX packets：128 errors：0 dropped：0 overruns：0 carrier：0
            collisions：0 txqueuelen：1000
            RX bytes：464296 (453.4 KiB)   TX bytes：6428 (6.2 KiB)
            Interrupt：193 Base address：0x2024
```

可以看到，Linux 客户端也成功获取了 DHCP 服务器分配的 IP 地址 192.168.0.108。

3.5　DHCP 的中继代理配置

DHCP 中继用于多网段中只有一个 DHCP 服务器的情况下，给每个相应网段的主机分配 IP 地址，实现跨子网服务。

【**例 10-17**】配置两个网段中继代理服务。配置环境如图 10-15 所示。作为 DHCP 中继代理的服务器 Relay 需要安装两个网卡，分别为 eth0 （192.168.10.1/24）、eth1 （192.168.20.1）。DHCP 服务器的网卡为 eth0 （192.168.10.2/24），网关为 Relay 的 eth0 （192.168.10.1），PC1 和 DHCP Server 处于 192.168.10.0/24 网段 （所在虚拟交换机为 VMnet2），PC2 处于 192.168.20.0/24 网段 （所在虚拟交换机为 VMnet3），要求用于测试的 PC1、PC2 能够获得所在网段的 IP 地址。

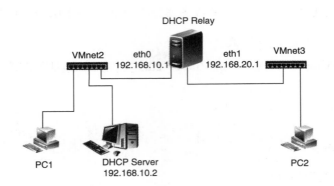

图 10-15　双网段 DHCP 中继实验环境

这个环境中需要 4 台虚拟机，两台安装了 CentOS 5.4 系统的服务器（一台为 DHCP 服务器 DHCP Server，另一台做 dhcprelay 中继代理服务器 Relay），两台用于测试的 PC1 和 PC2。步骤如下：

1. 建立 4 个 Linux 系统

在 VMware Workstation 中利用安装后的 CentOS 5.4，克隆出另外 3 台虚拟机，改变其名称分别为 "relay" "dhcp server" "pc1" 和 "pc2"，并设置好 pc1 和 dhcp server 属于网络 VMnet2，pc2 属于网络 VMnet3，如图 10-16 所示。

图 10-16　在 VMware Workstation 中克隆 4 台虚拟机

2. 配置 DHCP 服务器

1）配置 IP 地址相关参数，服务器的 IP 地址为 192.168.10.2/24，网关为 192.168.10.1，如图 10-17 所示，并重新启动网络服务，使配置的 IP 地址生效。

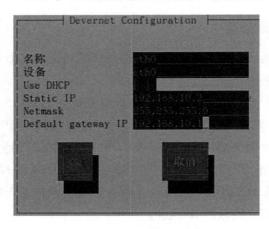

图 10-17　dhcp server 的 IP 配置

2）在 dhcp server 中查询是否安装 DHCP 服务软件包，如果没有安装，则装载光盘安装。复制模板文件至/etc 目录下，更名为 dhcpd. conf。

3）编辑 dhcp 服务器的配置文件/etc/dhcpd. conf，内容如下：

```
ddns – update – style interim;
ignore client – updates;
        option subnet – mask            255. 255. 255. 0;
        option nis – domain             "domain. org";
        option domain – name            "domain. org";
        option domain – name – servers  192. 168. 1. 1;
        default – lease – time 21600;
        max – lease – time 43200;
subnet 192. 168. 10. 0 netmask 255. 255. 255. 0 {
        option routers                  192. 168. 10. 1;
        range dynamic – bootp 192. 168. 10. 100 192. 168. 10. 110;
        }
subnet 192. 168. 20. 0 netmask 255. 255. 255. 0 {
        option routers                  192. 168. 20. 1;
        range dynamic – bootp 192. 168. 20. 100 192. 168. 20. 110;
        }
```

4）启动重新 DHCP 服务器进程。

```
[root@ localhost ~]# service dhcpd restart
Shutting down dhcpd:                                    [  OK  ]
Starting dhcpd:                                         [  OK  ]
```

3. 配置中继代理服务器 Relay

1）关闭虚拟机 relay，编辑其硬件配置，添加网卡，配置其连接交换机 VMnet3。重新启动，配置两个网卡（eth0、eth1）的 IP 相关参数，并测试连通性，保证 eth0 连接交换机 VMnet2、eth1 连接交换机 VMnet3，网卡 eth0、eth1 的配置分别如图 10-18 所示。

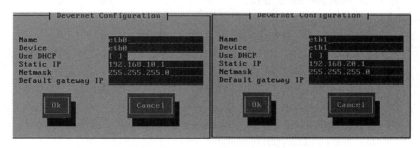

图 10-18 relay 的两块网卡配置

2）配置文件/etc/sysconfig/dhcrelay（如果没有此文件，请安装 DHCP 服务的源 RPM 包）。

```
#vi /etc/sysconfig/dhcrealy
```

在 dhcrelay 文件中，用 INTERFACES 指明中继代理要监听的网卡（段），用 DHCPSERVERS 指明 DHCP 服务器的 IP 地址，内容如下：

```
# Command line options here
INTERFACES = "eth0 eth1"
DHCPSERVERS = "192. 168. 10. 2"
```

3）启动 dhcrelay 中继代理服务。

```
[root@ localhost sysconfig]# service dhcrelay start
Starting dhcrelay：                                    [   OK   ]
```

有选择性的执行如下命令：

```
[root@ localhost ~]# dhcrelay 192. 168. 10. 2
Internet Systems Consortium DHCP Relay Agent V3. 0. 5 - RedHat
Copyright 2004 - 2006 Internet Systems Consortium.
All rights reserved.
For info，please visit http：//www. isc. org/sw/dhcp/
Listening on LPF/eth1/00：0c：29：29：3f：30
Sending on   LPF/eth1/00：0c：29：29：3f：30
Listening on LPF/eth0/00：0c：29：29：3f：26
Sending on   LPF/eth0/00：0c：29：29：3f：26
Sending on   Socket/fallback
```

4. 进行测试并查看结果

在 pc1、pc2 上配置 IP 的获取方式为 DHCP 并测试。pc1 的测试结果如下：

```
[root@ localhost ~]# service network restart
Shutting down interface eth0：                         [   OK   ]
Shutting down loopback interface：                     [   OK   ]
Bringing up loopback interface：                       [   OK   ]
Bringing up interface eth0：
Determining IP information for eth0... done.           [   OK   ]
[root@ localhost ~]# ifconfig eth0
eth0      Link encap：Ethernet   HWaddr 00：0C：29：2C：BF：19
          inet addr：192. 168. 10. 110   Bcast：192. 168. 10. 255   Mask：255. 255. 255. 0
          inet6 addr: fe80：:20c：29ff:fe2c：bf19/64 Scope：Link
          UP BROADCAST RUNNING MULTICAST   MTU：1500   Metric：1
          RX packets：17 errors：0 dropped：0 overruns：0 frame：0
          TX packets：70 errors：0 dropped：0 overruns：0 carrier：0
          collisions：0 txqueuelen：1000
          RX bytes：4990 (4. 8 KiB)   TX bytes：7612 (7. 4 KiB)
          Interrupt：67 Base address：0x2024
```

pc2 的测试结果如下：

```
[root@ localhost  ~ ]# service network restart
Shutting down interface eth0:                                    [  OK  ]
Shutting down loopback interface:                               [  OK  ]
Bringing up loopback interface:                                [  OK  ]
Bringing up interface eth0:
Determining IP information for eth0... done.                    [  OK  ]
[root@ localhost  ~ ]# ifconfig eth0
eth0        Link encap:Ethernet    HWaddr 00:0C:29:7C:9C:31
            inet addr:192. 168. 20. 110   Bcast:192. 168. 20. 255    Mask:255. 255. 255. 0
            inet6 addr: fe80::20c:29ff:fe7c:9c31/64 Scope:Link
            UP BROADCAST RUNNING MULTICAST   MTU:1500   Metric:1
            RX packets:9 errors:0 dropped:0 overruns:0 frame:0
            TX packets:52 errors:0 dropped:0 overruns:0 carrier:0
            collisions:0 txqueuelen:1000
            RX bytes:1950 (1. 9 KiB)   TX bytes:6792 (6. 6 KiB)
            Interrupt:75 Base address:0x2024
```

结果显示，处于不同网段的客户机（pc1、pc2）都成功获取了所在网段的 IP 地址。

任务4　WWW 服务器配置与管理

4.1　WWW 服务的工作原理及过程

WWW（World Wide Web）也称 W3、3W，是目前 Internet 上最热门的服务。系统采用 C/S（客户机/服务器）工作模式，默认采用 80 端口进行通信，如图 10-19 所示。

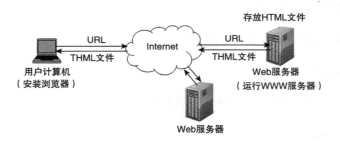

图 10-19　WWW 示意图

用来实现 WWW 服务的软件很多，Apache 软件基金会（http://www.apache.org）的 Apache HTTP Server（Apache）软件，是排名第一的 WWW 服务器软件。

4.2　CentOS 5. 4 中 WWW 服务的配置文件

CentOS 5. 4 中 WWW 的配置文件为/etc/httpd/conf/httpd. conf，其代码有 991 行，有些配置参数很复杂。配置文件的格式有以下 3 种：

1）以#开始的行表示注释，说明此行下面配置项的作用。

2）没有注释的行一般是"关键字　值"的格式，如"ServerType standalone"，关键字不能改动。

3）HTML 标记。以类似于 HTML 标记的方式把某一块需要说明的部分包含在 < Directory > 和 </Directory > 之间。

```
< Directory / >
    配置语句；
</Directory >
```

httpd. conf 的配置文件包括以下 3 个部分（//后为编者注释）：

```
### Section 1：Global Environment            //全局环境配置
### Section 2：'Main' server configuration    //主服务器配置
### Section 3：Virtual Hosts                  //虚拟主机配置
```

1. 全局环境配置（//后为编者注释）

```
### Section 1：Global Environment
StartServers          8              //默认启动 httpd 进程时子进程的个数
MinSpareServers       5              //最小空闲子进程的个数
MaxSpareServers       20             //最大空闲子进程的个数
ServerLimit           256            //httpd 进程的最大数
MaxClients            256            //最多可以响应的客户数
MaxRequestsPerChild   4000    //一个子进程可以请求的服务数
</IfModule >
Listen 80                            //默认监听端口为 80
LoadModule access_module modules/mod_access. so    //以下为进程启动时装载的模块
LoadModule auth_module modules/mod_auth. so

Include conf. d/ * . conf        //包含配置文件
```

2. 主服务器配置

```
DocumentRoot "/var/www/html"    //web 站点的主目录
< Directory / >
    Options FollowSymLinks
    AllowOverride None
</Directory >
< Directory "/var/www/html" >
    Options Indexes FollowSymLinks
    AllowOverride None
    Order allow,deny
    Allow from all                //允许从任何站点访问此目录
</Directory >
```

```
<IfModule mod_userdir.c>                          //设置用户个人主页
    UserDir disable                               //用户个人目录禁止
    #UserDir public_html                          //用户个人主页目录
</IfModule>
DirectoryIndex index.html index.html.var         //设置 web 站点默认首页文件
AccessFileName .htaccess                          //访问控制文件
# Proxy Server directives. Uncomment the following lines to
# <IfModule mod_proxy.c>                          //代理服务配置部分
#ProxyRequests On
#ProxyVia On

# </IfModule>
```

在主服务器配置部分，主要有以下描述：

1）用户个人主页设置部分。标记 <IfModule mod_userdir.c> 是用户的个人主页设置部分，在默认情况下，此项功能禁止。

2）代理服务设置部分。Apache 可以配置为代理服务器，标记 <IfModule mod_proxy.c> 是配置代理服务部分，此功能默认禁止。

3. 虚拟主机配置

```
### Section 3: Virtual Hosts
#NameVirtualHost *:80                             //设置基于名字的虚拟主机
# VirtualHost example:
# Almost any Apache directive may go into a VirtualHost container.
# <VirtualHost *:80>                              //虚拟主机的配置例子
#     ServerAdmin webmaster@ dummy – host.example.com
#     DocumentRoot /www/docs/dummy – host.example.com    //虚拟主机的主目录
#     ServerName dummy – host.example.com         //虚拟主机的域名
#     ErrorLog logs/dummy – host.example.com – error_log
#     CustomLog logs/dummy – host.example.com – access_log common
# </VirtualHost>
```

虚拟主机是利用一台物理主机搭建多个虚拟站点，这些站点具有不同的域名或具有不同的 IP、端口。虚拟主机分为基于名字的虚拟主机（NameVirtualHost）和基于 IP 的虚拟主机，都可以在 CentOS 5.4 中进行配置。

4.3　WWW 服务的安装与启动

1. WWW 服务的安装

在 CentOS 5.4 中，WWW 使用的软件为 Apache，在系统中软件包名为 httpd，守护进程名称为 httpd，配置文件是/etc/httpd/conf/httpd.conf，在系统中的默认文档目录为/var/www/html。

1）检测系统中是否安装了 httpd。

```
[root@ bogon  ~ ]# rpm  - qa | grep httpd
httpd - manual - 2. 2. 3 - 31. el5. centos
httpd - 2. 2. 3 - 31. el5. centos
system - config - httpd - 1. 3. 3. 3 - 1. el5
```

2）如果没有安装，还需要装载安装源光盘，进行安装或升级。

2. WWW 服务的启动

```
[root@ localhost /]# service httpd restart
Stopping httpd:                                    [FAILED]
Starting httpd:                                    [  OK  ]
```

每一次更改配置文件 httpd. conf 后，必须重新启动才能使更改生效。

4.4　用户个人站点配置

个人站点的形式如 "http://www.xyz.com/~username"，其中 "www.xyz.com" 是一个 WWW 主机域名，"~username" 是这个主机上的一个账户，它在 WWW 主机上有自己的默认空间/home/username，默认情况下，不能通过 "http://www.xyz.com/~username" 形式来访问用户 username 的个人空间，但配置了个人主页后，就能够实现这个功能。

【例 10-18】在 CentOS 5.4 系统中增加一个用户 ww1201，建立其个人主页空间。步骤如下：

1）在 WWW 主机中增加账户 ww1201 并改变其密码。

```
[root@ bogon  ~ ]# useradd ww1201
[root@ bogon  ~ ]# passwd ww1201
Changing password for user ww1201.
New UNIX password:
BAD PASSWORD: it is WAY too short
Retype new UNIX password:
passwd: all authentication tokens updated successfully.
[root@ bogon  ~ ]#
[root@ bogon  ~ ]# ls /home
ww1201
```

默认在/home 目录下建立其个人目录/home/ww1201，这个目录的所有权限为用户 ww1201 可读写，其他用户无权限。

```
[root@ bogon cron]# cd /home
[root@ bogon home]# ll
total 4
```

```
drwx ------ 3 ww1201 ww1201 4096 Jan 21 22:32 ww1201
[root@ bogon home]#
```

2）编辑/etc/httpd/conf/httpd. conf 文件，主服务器配置部分中个人空间设置部分的改变如下：

```
< IfModule mod_userdir. c >
    #UserDir disable
    UserDir public_html
</IfModule >
```

激活个人空间的设置，并且把个人空间的目录名称统一设置成用户主目录下的 public_html。

3）在账户 ww1201 主目录/home/ww1201 下按要求建立 public_html 目录，并改变/home/ww1201 目录的权限为其他人可读。

```
[root@ bogon ~ ]# cd /home
[root@ bogon home]# ls
ww1201
[root@ bogon home]# chmod o + rx ww1201
[root@ bogon home]# ls −l
total 4
drwx --- r – x 3 ww1201 ww1201 4096 Jan  1 03:33 ww1201
[root@ bogon home]# mkdir ww1201/public_html
[root@ bogon home]# ls ww1201
public_html
```

4）在第 3 步中建立的 public_html 目录下建立 index. html 文件，并写入部分内容，重新启动 httpd 服务，测试个人主页服务。

```
[root@ bogon home]# mkdir ww1201/public_html
[root@ bogon home]# ls ww1201
public_html
[root@ bogon home]# touch ww1201/public_html/index. html
[root@ bogon home]# echo "this is ww1201 homepage" > ww1201/public_html/index. html
[root@ bogon home]# service httpd restart
Stopping httpd:                                                [  OK  ]
Starting httpd: httpd: apr_sockaddr_info_get( ) failed for bogon
httpd: Could not reliably determine the server's fully qualified domain name, using 127. 0. 0. 1
for ServerName
                                                              [  OK  ]
```

配置 CentOS 5.4 上集成的 SELinux，允许个人主页访问，如果不熟悉，直接关闭 SELinux 即可，打开浏览器访问，如图 10-20 所示。

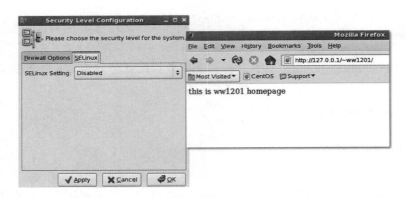

图 10-20　SELinux 设置及个人主页测试

4.5　基于名称的虚拟主机配置

基于名称的虚拟主机就是指用不同的域名来访问目标主机，这些目标主机的 IP 地址和端口号相同，但在主机上具有不同的文档目录。

【例 10-19】配置域名 www. 1201. com，对应 IP 地址 192. 168. 11. 2，端口为 80 的虚拟主机。步骤如下：

1）客户端 DNS 和 CentOS 5. 4 主机 IP 的配置。实现域名解析通过 DNS 或 hosts 文件，测试客户端使用 Windows XP 操作系统，编辑 C：\WINDOWS\system32\drivers\etc\hosts 文件，如图 10-21 所示，内容如下：

```
127. 0. 0. 1        localhost
192. 168. 11. 2     www. 1201. com
192. 168. 11. 2     www. 1202. com
```

配置 CentOS 5. 4 主机 IP 地址为 192. 168. 11. 2 并使其生效，网络连接方式为桥接。

图 10-21　Windows 机器的 hosts 文件设置

2）在 CentOS 5. 4 图形界面下配置 HTTP。选择"系统"→"管理"→"服务器配置"→"HTTP"，打开"HTTP"对话框，如图 10-22 所示。

图 10-22 图形设置 Virtual Host

在"虚拟主机"选项卡中单击"添加"按钮，分别添加 www.1201.com 域的设置和 www.1202.com 域的设置，如图 10-23 所示。

图 10-23 设置基于名称的虚拟主机

设置后的基于名称的虚拟主机如图 10-24 所示。

图 10-24 设置后的基于名称的虚拟主机

3）根据配置建立目录文件。建立每个域名对应的文档目录，并在目录下建立首页文件 index.html。

```
[root@ localhost conf]# cd /var/www/html
[root@ localhost html]# mkdir 1201 1202
[root@ localhost html]# touch 1201/index. html
[root@ localhost html]# echo "this is 1201 homepage." > 1201/index. html
[root@ localhost html]# touch 1202/index. html
[root@ localhost html]# echo "this is 1202 homepage." > 1202/index. html
```

4）重新启动 httpd 服务，利用客户机测试。客户端 Windows XP 的 IP 配置为 192. 168. 11. 10，启动 IE 访问 www. 1201. com 和 www. 1202. com，如图 10-25 所示。

图 10-25　基于名称的虚拟主机测试

4.6　基于 IP 的虚拟主机配置

基于 IP 的虚拟主机是指一个主机上配置多个 IP 地址，当客户端访问不同 IP（或同一 IP 的不同端口）的时候，显示的内容不同，这里以 IP 地址不同、端口号相同的虚拟主机来进行配置。

【例 10-20】配置 CentOS 5.4 主机 IP 为 192. 168. 11. 2 和 192. 168. 11. 3，服务端口为 80，配置虚拟主机，使客户端访问不同的 IP 时显示的内容不同。步骤如下：

1）在 CentOS 5.4 主机上配置多个 IP。

```
[root@ localhost html]# ifconfig eth0 192. 168. 11. 2
[root@ localhost html]# ifconfig eth0:0 192. 168. 11. 3
```

2）在 CentOS 5.4 图形界面下选择"系统"→"管理"→"服务器配置"→"HTTP"，打开"HTTP"对话框，添加虚拟机，如图 10-26 所示。

常规选项	页码选项	SSL	记录日志	环境	性能		常规选项	页码选项	SSL	记录日志	环境	性能

Basic Setup

虚拟主机名(N)：1201　　　　　　　　　　**Basic Setup**　虚拟主机名(N)：1202

文档根目录(R)：/var/www/html/1201　　　文档根目录(R)：/var/www/html/1202

网主电子邮件地址(W)：　　　　　　　　　网主电子邮件地址(W)：

Host Information　基于IP的虚拟主机　　**Host Information**　基于IP的虚拟主机

IP 地址(I)：192.168.11.2　　　　　　　　IP 地址(I)：192.168.11.3

服务器主机名称(H)：www.1201.com　　　　服务器主机名称(H)：www.1202.com

图 10-26　基于 IP 的虚拟主机配置

设置后的基于 IP 的虚拟主机总界面如图 10-27 所示。

图 10-27　完成后的基于 IP 的虚拟主机配置

该界面与基于名称的虚拟主机总界面相同。

3）根据配置建立目录文件。建立每个 IP 对应的文档目录，并在目录下建立首页文件 index. html。

```
[root@ localhost conf]# cd /var/www/html
[root@ localhost html]# mkdir 1201 1202
[root@ localhost html]# touch 1201/index. html
[root@ localhost html]# echo "this is 1201 homepage." > 1201/index. html
[root@ localhost html]# touch 1202/index. html
[root@ localhost html]# echo "this is 1202 homepage." > 1202/index. html
```

4）重新启动 httpd 服务，在客户端测试。客户端启动 IE 访问 192. 168. 11. 2 和 192. 168. 11. 3，如图 10-28 所示。

图 10-28　IP 不同、端口相同的虚拟主机测试

5）配置 CentOS 5.4 上集成的 SELinux，允许 httpd 监听 80 外的其他端口，如果不熟悉，直接关闭 SELinux 即可。

4.7　Apache 的代理服务配置

httpd. conf 配置文件中，有一部分是代理配置，其他用户通过把 httpd 进程所在的主机地址设置为代理服务器的 IP，能够进行简单的 WWW 网络浏览。

【例 10-21】设置访问 CentOS 5.4 主机的 WWW（192. 168. 11. 2）代理服务，提供其他用户的代理上网服务，步骤如下：

1）克隆虚拟机。在 VMware Workstation 中利用已安装的 CentOS 5.4 虚拟机，克隆出另外一台虚拟机，并且分别命名，如图 10-29 所示。

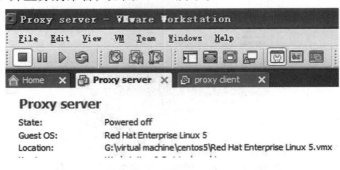

图 10-29　准备代理虚拟机

2）设置 Proxy server 机器的 IP，保证连通互联网。如果要代理其他机器连接网络，首先代理服务器本身要能够连接互联网，这里设置 Proxy server 的 IP 地址与网络连通，还需要正确设置网关及 DNS，参数设置及浏览器访问网络如图 10-30 所示。

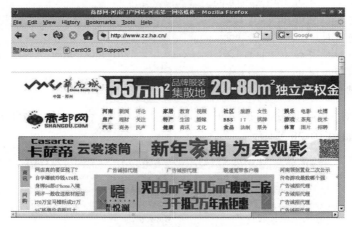

图 10-30　浏览器访问网络

```
[root@ bogon ~]# ifconfig eth0
eth0       Link encap:Ethernet   HWaddr 00:0C:29:29:3F:26
           inet addr:192.168.137.128   Bcast:192.168.137.255   Mask:255.255.255.0
           inet6 addr: fe80::20c:29ff:fe29:3f26/64 Scope:Link
           UP BROADCAST RUNNING MULTICAST   MTU:1500   Metric:1
           RX packets:108 errors:0 dropped:0 overruns:0 frame:0
           TX packets:95 errors:0 dropped:0 overruns:0 carrier:0
           collisions:0 txqueuelen:1000
           RX bytes:10894 (10.6 KiB)   TX bytes:11330 (11.0 KiB)
           Interrupt:67 Base address:0x2024
[root@ bogon ~]# ping www.zz.ha.cn
PING www.shangdu.com (182.118.3.166) 56(84) bytes of data.
64 bytes from hn.kd.ny.adsl (182.118.3.166): icmp_seq=1 ttl=128 time=10.9 ms
```

```
64 bytes from hn. kd. ny. adsl（182. 118. 3. 166）：icmp_seq = 2 ttl = 128 time = 10. 9 ms
64 bytes from hn. kd. ny. adsl（182. 118. 3. 166）：icmp_seq = 3 ttl = 128 time = 13. 5 ms
64 bytes from hn. kd. ny. adsl（182. 118. 3. 166）：icmp_seq = 7 ttl = 128 time = 12. 4 ms
```

3）配置 Proxy server 的 httpd. conf 文件。在 Apache 的配置文件 httpd. conf 中，默认没有打开代理功能，代理配置部分更改如下：

```
< IfModule mod_proxy. c >                        //打开模块功能
ProxyRequests On                                 //打开代理请求
#
< Proxy  *  >
    Order deny , allow
    Allow from all                               //允许所有主机访问代理
#    Allow from . example. com
</Proxy >

#
# Enable/disable the handling of HTTP/1. 1 "Via：" headers.
# ("Full" adds the server version；"Block" removes all outgoing Via： headers)
# Set to one of：Off | On | Full | Block
#
#ProxyVia On
#
# To enable a cache of proxied content, uncomment the following lines.
# See http：//httpd. apache. org/docs/2. 2/mod/mod_cache. html for more details.
#
# < IfModule mod_disk_cache. c >
#    CacheEnable disk /
#    CacheRoot "/var/cache/mod_proxy"
# </IfModule >
#


</IfModule >
# End of proxy directives.
```

保存文件并重新启动 httpd 服务。

```
[ root@ bogon conf]# service httpd restart
Stopping httpd：                                   [ FAILED ]
Starting httpd：                                   [   OK   ]
[ root@ bogon conf]#
```

4）配置 Proxy client。保证 Proxy client 与 Proxy server 的 IP 地址处于一个网段，并且二者连通，这里的例子如下：

```
[root@ bogon  ~]# ifconfig eth0
eth0        Link encap:Ethernet   HWaddr 00:0C:29:F7:E9:7A
            inet addr:192.168.137.134   Bcast:192.168.137.255   Mask:255.255.255.0
            inet6 addr: fe80::20c:29ff:fef7:e97a/64 Scope:Link
            UP BROADCAST RUNNING MULTICAST   MTU:1500   Metric:1
            RX packets:151 errors:0 dropped:0 overruns:0 frame:0
            TX packets:55 errors:0 dropped:0 overruns:0 carrier:0
            collisions:0 txqueuelen:1000
            RX bytes:15324 (14.9 KiB)   TX bytes:7304 (7.1 KiB)
            Interrupt:67 Base address:0x2024

[root@ bogon  ~]# ping  – c 3 192.168.137.128
PING 192.168.137.128 (192.168.137.128) 56(84) bytes of data.
64 bytes from 192.168.137.128: icmp_seq = 1 ttl = 64 time = 1.63 ms
64 bytes from 192.168.137.128: icmp_seq = 2 ttl = 64 time = 0.202 ms
64 bytes from 192.168.137.128: icmp_seq = 3 ttl = 64 time = 0.143 ms

 --- 192.168.137.128 ping statistics ---
3 packets transmitted, 3 received, 0% packet loss, time 3885ms
rtt min/avg/max/mdev =  0.143/0.660/1.636/0.690 ms
[root@ bogon  ~]#
```

5）测试代理功能。在 Proxy client 上打开浏览器，选择 "Edit" → "Preferences"，切换至 "Advanced" 中的 "Network" 选项卡，再单击 "Settings" 按钮，把代理服务器的 IP 设置为 Proxy server 的 IP，端口为 WWW 的端口 80，如图 10-31 所示。

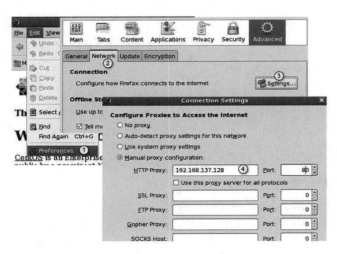

图 10-31 Proxy client 浏览器代理设置

保存并重新打开站点（http://www.sun.com），如图 10-32 所示。

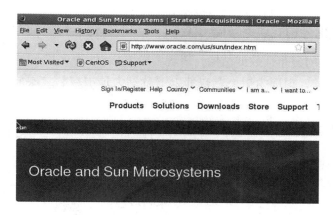

图 10-32　Proxy client 打开网站界面

任务 5　Linux 下配置 DNS

5.1　DNS 的工作原理与过程

在网络上最终根据目标主机的 IP 地址来寻址并通信。客户机要访问一个域名，首先要通过 DNS 解析成 IP 地址，步骤如下（见图 10-33）：

1）在客户机的浏览器中输入要访问的域名，如 www. microsoft. com。

2）客户机查询本机上有没有 www. microsoft. com 对应的域名解析缓存记录，如有则取回（Q1 和 A1）。

3）如果没有记录，则依据本机配置的 DNS 服务器 IP，查询对应的 DNS 服务器以获取 IP（Q2 和 A2），DNS 服务器通过查询 DNS 缓存记录（Q4 和 A4）或查询区域配置文件获取要解析的 IP 地址（Q3 和 A3）。

4）如果再查询不到，则通过根 DNS 进行递归查询，直到查询到要解析的 IP 地址或失败返回（Q5 和 A5）。

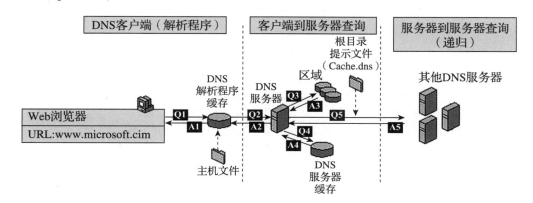

图 10-33　客户机浏览器查询 DNS

5.2　DNS 的层次化分布式数据存储

DNS 采用层次化的分布式数据结构，表现为以下几点：

1）域名是分级的，根部为根域，根部以下分别为顶层域、二层域、三层域，直到叶子节点（主机）。

2）如图 10-34 所示，每个域如顶层域 cn 只对本域下的子域进行管理，这个区域称为 zone。

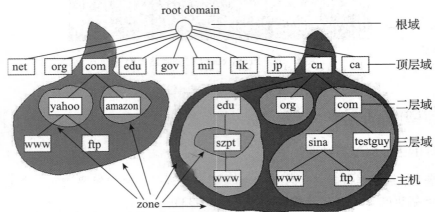

1. 分级、分区域管理，这是DNS的核心思想。
2. 每一个区域管理自己的下属区域。
3. 每一个区域中有许多的资源，这些资源称为资源记录。

图 10-34　DNS 的层次化结构

根据作用不同，DNS 服务器分为根服务器、主域名服务器、辅助 DNS 服务器和转发域名服务器。

5.3　DNS 服务器区域配置文件的资源记录

一个 zone 中有许多资源，这些资源分为不同的类型，称为资源记录。主要有以下几个部分。

（1）SOA 记录

SOA（Start Of Authority，授权记录开始）表示资源记录开始。基本格式如下：

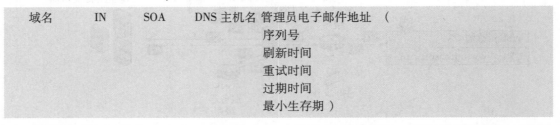

域名用"@"代表 named. conf 文件中 zone 语句定义的域名，后面管理员的电子邮件地址表示为"root. 域名"，root 后的"."实际上为"@"。

IN 代表 Internet，DNS 主机名用 FQDN（Fully Qualified Domain Name，完全合格的域名系统）表示。

（2）NS 记录

NS（Name Server）记录是域名服务器记录，用来指定该域名由哪个 DNS 服务器来进行解析。例如：

	IN	NS	www. abc. com.

它表示"@"部分（也就是域 abc. com）由 www. abc. com 这个机器负责解析，前面的"@"符号省略。

（3）MX 记录

MX（Mail eXchange，邮件交换）记录指明本区域中的邮件服务器主机名。例如：

IN	MX	1	mail. abc. com.

它表示域 abc. com 中有一个电子邮件服务器，它的 FQDN 为 mail. abc. com，优先级为 1，表示在一个域中有多个电子邮件服务器的情况下，优先使用哪个电子邮件服务器。

（4）A 记录

A（Address）记录指明域中主机域名与 IP 地址的对应关系。例如：

www	IN	A	192. 168. 11. 2

它表示主机 www. abc. com 对应的 IP 地址为 192. 168. 11. 2。这里的 www 就是相对域名，www 后没有"."，等价于：

www. abc. com.	IN	A	192. 168. 11. 2

"www. abc. com. "表示绝对域名，后面由"."结尾。

（5）CNAME 记录

CNAME 是别名记录。例如：

www1	IN	CNAME	www. abc. com.

它表示 www1. abc. com 和 www. abc. com 是一样的，www1 是 www 的别名。

5. 4 DNS 软件包的安装

CentOS 5. 4 中 DNS 的软件包为 bind，服务配置文件为/etc/named. conf（不采用 chroot），守护进程为 named。

首先查看系统中是否安装了 bind 软件包。

```
[root@ bogon  ~ ]# rpm  - qa | grep bind
ypbind - 1. 19 - 12. el5
bind - 9. 3. 6 - 4. P1. el5
bind - chroot - 9. 3. 6 - 4. P1. el5
bind - libs - 9. 3. 6 - 4. P1. el5
bind - utils - 9. 3. 6 - 4. P1. el5
```

在上述的显示中，"bind – 9. 3. 6 – 4. P1. el5"是要安装的源文件包，上述显示表示系统中已经安装。如果没有安装，则需要装载源光盘镜像，重新安装。

为便于配置，DNS 服务器不采用 chroot（Linux 提高安全性的一种方法），因此还需要卸载已经安装的 bind – chroot 软件包。

```
[root@ bogon  ~ ]# rpm  – e bind – chroot
```

再次查询可以看到，chroot 软件包已被卸载。

```
[root@ bogon  ~ ]# rpm  – qa | grep bind
ypbind – 1. 19 – 12. el5
bind – 9. 3. 6 – 4. P1. el5
bind – libs – 9. 3. 6 – 4. P1. el5
bind – utils – 9. 3. 6 – 4. P1. el5
```

同时，安装 DNS 的根 cache 软件包，以提供模板配置文件。

```
[root@ bogon  ~ ]# mount /dev/cdrom /media              //源光盘文件路径已被正确设置
mount: block device /dev/cdrom is write – protected, mounting read – only
[root@ bogon  ~ ]# cd /media/CentOS/
[root@ bogon CentOS]# rpm  – ivh caching – nameserver – 9. 3. 6 – 4. P1. el5. i386. rpm
Preparing...                  ###########################################[100%]
   1:caching – nameserver     ###########################################[100%]
[root@ bogon CentOS]#
```

安装完成后，在/etc/目录下生成 named. caching-nameserver. conf 文件，可启动和停止 DNS 服务。

```
[root@ bogon CentOS]# cd /etc
[root@ bogon etc]# ls  * . conf                //列表扩展名为 conf 的配置文件
gssapi_mech. conf        multipath. conf          tpvmlp. conf
host. conf               named. caching – nameserver. conf   updatedb. conf
idmapd. conf             nscd. conf               warnquota. conf
initlog. conf            nsswitch. conf           webalizer. conf
ldap. conf               prelink. conf            yum. conf
[root@ bogon etc]#
[root@ localhost  ~ ]# service named start        //启动
[root@ localhost  ~ ]# service named stop         //停止
[root@ localhost  ~ ]# service named restart      //重新启动
[root@ localhost  ~ ]# service named status       //查看状态
```

5.5　DNS 的配置文件组成

DNS 的配置文件可分为主配置文件与辅助配置文件。主配置文件是安装 bind 软件后自动产生的/etc/named. conf 文件（其初始文件名为 named. caching-nameserver. conf），一个主配置文件中可以定义多个 DNS 区域，辅助配置文件是每一个区域的配置文件，包括正向解析文件与反向解析文件，如图 10-35 所示。

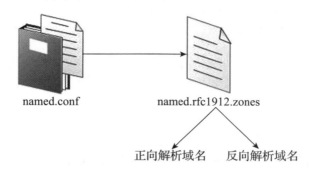

正向解析域名　　　反向解析域名

图 10-35　DNS 的配置文件

5.6　DNS 的主要配置文件 named. conf

复制 named. conf 文件并改变其文件拥有者为 named。

```
[root@ bogon etc]# cd /etc
[root@ bogon etc]# cp named. caching – nameserver. conf named. conf
[root@ bogon etc]# chown named. named named. conf
```

编辑 named. conf，替换其 localhost 为 any，替换后的内容如下（省略了注释部分）：

```
options {
        listen – on port 53 { any; };                //把 127. 0. 0. 1 改为 any
        listen – on – v6 port 53 { ::1; };
        directory        "/var/named";
        dump – file          "/var/named/data/cache_dump. db";
        statistics – file "/var/named/data/named_stats. txt";
        memstatistics – file "/var/named/data/named_mem_stats. txt";

        // Those options should be used carefully because they disable port
        // randomization
        // query – source       port 53;
        // query – source – v6 port 53;

        allow – query        { any; };
        allow – query – cache { any; };
};
logging {
        channel default_debug {
                file "data/named. run";
                severity dynamic;
        };
};
```

```
view any_resolver {
        match – clients          { any; };
        match – destinations   { any; };
        recursion yes;
        include "/etc/named. rfc1912. zones";
};
```

最后一行内容如下：

```
include "/etc/named. rfc1912. zones";
```

其具体的区域配置都在文件/etc/named. rfc1912. zones 中，因此，编辑区域配置其实就是编辑/etc/named. rfc1912. zones 文件。

在/etc/named. rfc1912. zones 中，zone 语句用于定义 DNS 负责的域名解析区域，基本格式如下：

```
zone "区域名" IN {              //正向解析域名
        type 子句;              //定义域名服务器类型
        file 子句;              //定义区域对应的正向解析文件
};
zone "反写 IP. in – addr. arpa" IN {//反向解析域名
        type 子句;
        file 子句;              //定义区域对应的反向解析文件
};
```

当定义一个 zone 时，要同时定义正向区域与反向区域以实现正向解析和反向解析。例如 zone 为 abc. com，它对应的 IP 网段是 192. 168. 11. 1，则在反向域名中，域名写为 11. 168. 192. in – addr. arpa。

假设现在 DNS 要负责解析的域名为 abc. com 的区域，它对应的 IP 网段是 192. 168. 11. 0/24，进入/etc 目录，显示/etc/named. rfc1912. zones 文件的内容，部分如下（//后为编者注释）：

```
[root@ localhost etc]# more /etc/named. rfc1912. zones
zone "abc. com" IN {                          //定义一个 abc. com 域名
        type master;                          //类型为主域名服务器
        file "abc. com";                      //对应的正向解析文件为 abc. com
};
zone "11. 168. 192. in – addr. arpa" IN {    //域 abc. com 反向域的写法
        type master;
        file "com. abc";                      //对应的反向解析文件为 com. abc
};
```

在上面 zone 子句的基本格式中，"type" 表示区域的类型，主域名服务器的区域类型为 "master"、辅助 DNS 的区域类型为 "slave"，格式中的每条配置语句均用 ";" 结束。

5.7　DNS 的区域配置文件

/etc/named. rfc1912. zones 是区域配置文件，在文件中可以配置多个区域，每个区域都有自己对应的区域文件（辅助配置文件），包括正向区域文件和反向区域文件。在 DNS 工作时，首先查找 named. conf 文件，从中读取区域配置文件所在的目录，再读取正向和反向区域文件，解析其中的每一条资源记录，如图 10-36 所示。

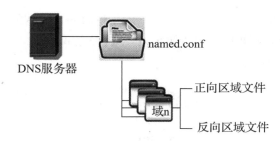

图 10-36　DNS 中主配置文件与区域配置文件

5.8　主 DNS 服务器的配置过程

下面以域名 abc. com （192. 168. 11. 0/24 网段）为例，介绍主 DNS 服务器的配置过程。

1）完成 DNS 服务需要的源文件包的安装，配置 DNS 服务器的 IP 地址为 192. 168. 11. 2/24。

2）配置 named. conf 文件，其内容如本章第5.6 节，配置 named. conf 中的/etc/named. rfc1912. zones。编辑其内容，添加要配置的 DNS 负责解析的域名记录（正向域名和反向域名），相关内容显示如下：

```
zone "abc. com" IN {
        type master;
        file "abc. com";
};
zone "11. 168. 192. in – addr. arpa" IN {
        type master;
        file "com. abc";
};
```

3）分别配置域 abc. com 的区域配置文件，包括正向区域文件（abc. com）和反向区域文件（com. abc）。其中，abc. com 文件的内容如下（//后为编者注释）：

```
$ TTL     86400       // DNS 的生效时间
@       IN      SOA     www. abc. com. root. www. abc. com.    (      //SOA 记录
                                1997022700 ; Serial
                                28800      ; Refresh
```

```
                              14400          ; Retry
                              3600000        ; Expire
                              86400 )        ; Minimum
              IN      NS      www. abc. com.                        //NS 记录
IN     MX     1       mail. abc. com.                //MX 记录
www    IN     A       192. 168. 11. 2                //A 记录
mail   IN     A       192. 168. 11. 3
```

上面内容中第一行的"$TTL"表示 DNS 的生效时间，以秒为单位，86400 秒为 24 小时。正向区域文件中有要解析的域名资源记录，如 MX、A。

com. abc 文件的内容如下：

```
$ TTL     86400
@      IN     SOA     www. abc. com.  root. www. abc. com.   (
                              1997022700 ; Serial
                              28800      ; Refresh
                              14400      ; Retry
                              3600000    ; Expire
                              86400 )    ; Minimum
              IN     NS     www. abc. com.
2      IN     PTR    www. abc. com.
3      IN     PTR    mail. abc. com.
```

改变目录/var/named 下的文件列表和权限：

```
[root@ bogon named]# chown root. named abc. com
[root@ bogon named]# chown root. named com. abc
[root@ bogon etc]# cd /etc
[root@ bogon etc]# chown root. named named. conf
[root@ bogon etc]# ll named. conf
- rw - r ----- 1 root named 1188 Jan   7 02:29 named. conf
[root@ bogon named]# ll
total 60
- rw - r -- r -- 1 root   named  597 Jan  7 02:37 abc. com
drwxr - x --- 5 root   named 4096 Jan  7 02:26 chroot
- rw - r -- r -- 1 root   named  556 Jan  7 02:37 com. abc
drwxrwx --- 2 named named 4096 Sep  3   2009 data
- rw - r ----- 1 root   named  198 Sep  3   2009 localdomain. zone
- rw - r ----- 1 root   named  195 Sep  3   2009 localhost. zone
- rw - r ----- 1 root   named  427 Sep  3   2009 named. broadcast
- rw - r ----- 1 root   named 1892 Sep  3   2009 named. ca
- rw - r ----- 1 root   named  424 Sep  3   2009 named. ip6. local
- rw - r ----- 1 root   named  426 Sep  3   2009 named. local
- rw - r ----- 1 root   named  427 Sep  3   2009 named. zero
drwxrwx --- 2 named named 4096 Sep  3   2009 slaves
```

有些操作需要改变/var/named 目录下的所有文件所有者为 named。

```
[root@ bogon etc]# chown  - R  named  /var/named
```

4）用 service 命令重新启动 named 服务，根据启动信息进行调试直到成功。

```
[root@ localhost named]# service named restart
Stopping named：                              [ FAILED ]
Starting named：                              [  OK  ]
```

5）使用命令 nslookup 查询 DNS 是否配置成功。

```
[root@ bogon named]# nslookup www. abc. com 192. 168. 11. 2    //查询正向解析
Server：       192. 168. 11. 2
Address：        192. 168. 11. 2#53

Name：  www. abc. com
Address：192. 168. 11. 2

[root@ bogon named]# nslookup 192. 168. 11. 2 192. 168. 11. 2    //查询反向解析
Server：       192. 168. 11. 2
Address：        192. 168. 11. 2#53

2. 11. 168. 192. in - addr. arpa        name = www. abc. com.
```

6）在客户端配置使用 DNS 服务的地址。在 Windows 平台下，用户可直接配置网上邻居的属性，而在 Linux 客户端设置/etc/resolv. conf 文件，Linux 中配置/etc/resolv. conf 内容如下：

```
nameserver 192. 168. 11. 2
```

5.9　辅助 DNS 服务器的配置

辅助 DNS 服务器有以下两个用途：

1）分担主 DNS 服务器的负载，客户机设置 DNS 服务器 IP 时，可以设置为主 DNS 服务器的 IP，也可设置为辅助 DNS 服务器的 IP。

2）作为主 DNS 服务器的备份，在主 DNS 服务器故障时，能够承担主 DNS 服务器的解析任务。

辅助 DNS 提供域名解析时同样需要主配置文件（named. conf）和区域配置文件，其区域配置文件以主 DNS 为主，自动由主 DNS 传输到辅助 DNS。下面以配置域"abc. com（192. 168. 11. 0/24 网段）"为例，配置其辅助 DNS。步骤如下：

1）配置主 DNS，完整过程如本章第 5.6 节，注意其 IP 地址为 192. 168. 11. 2。

2）在 VMware Workstation 中利用已安装的 CentOS 5. 4 克隆出另一台虚拟机，更改两台虚拟机的名称分别为"主 DNS"和"辅助 DNS"，如图 10-37 所示。

图 10-37　克隆辅助 DNS

3）配置主 DNS 和辅助 DNS 的网络连接的虚拟交换机为 VMnet2，如图 10-38 所示，并配置辅助 DNS 的 IP 地址为 192.168.11.6，保证与主 DNS 连通。

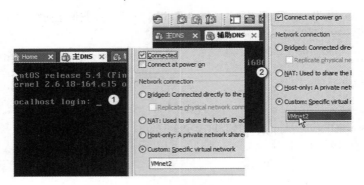

图 10-38　主 DNS 和辅助 DNS 的网络配置

```
[root@ bogon ~]# ifconfig eth0
eth0       Link encap:Ethernet    HWaddr 00:0C:29:FB:F1:26
           inet addr:192.168.11.6   Bcast:192.168.11.255   Mask:255.255.255.0
           inet6 addr: fe80::20c:29ff:fefb:f126/64 Scope:Link
           UP BROADCAST RUNNING MULTICAST   MTU:1500   Metric:1
           RX packets:89 errors:0 dropped:0 overruns:0 frame:0
           TX packets:133 errors:0 dropped:0 overruns:0 carrier:0
           collisions:0 txqueuelen:1000
           RX bytes:9371 (9.1 KiB)   TX bytes:10803 (10.5 KiB)
           Interrupt:75 Base address:0x2024

[root@ bogon ~]# ping – c 3 192.168.11.2        //测试到主 DNS 的连通性
PING 192.168.11.2 (192.168.11.2) 56(84) bytes of data.
64 bytes from 192.168.11.2: icmp_seq = 1 ttl = 64 time = 0.157 ms
64 bytes from 192.168.11.2: icmp_seq = 2 ttl = 64 time = 0.157 ms
64 bytes from 192.168.11.2: icmp_seq = 3 ttl = 64 time = 0.159 ms

--- 192.168.11.2 ping statistics ---
3 packets transmitted, 3 received, 0% packet loss, time 3866ms
rtt min/avg/max/mdev = 0.157/0.157/0.159/0.014 ms
[root@ bogon ~]#
```

4）在虚拟机辅助 DNS 中配置/etc/named. rfc1912. zones，相关内容如下：

```
zone "abc. com" IN {
        type slave;
        file "slaves/abc. com";
        masters { 192. 168. 11. 2; };
};
zone "11. 168. 192. in - addr. arpa" IN {
        type slave;
        file "slaves/com. abc";
        masters { 192. 168. 11. 2; };
};
```

辅助 DNS 同样负责解析域 abc. com，其域类型为 slave，文件放到/var/named/slaves 目录下，用 masters 子句指明其主 DNS 服务器的 IP 地址。

5）在虚拟机辅助 DNS 上运行命令 service 向主 DNS 服务器请求区域传送。

```
[ root@ localhost slaves]# service named restart
Stopping named:                                          [    OK    ]
Starting named:                                          [    OK    ]
```

6）在虚拟机辅助 DNS 的/var/named/slaves/目录下，列表显示文件。

```
[ root@ localhost slaves]# ls
abc. com    com. abc
```

可以看到，正向区域文件（abc. com）与反向区域文件（com. abc）都传递过来了。自动传递的正向区域文件内容如下：

```
$ ORIGIN .
$ TTL 86400            ; 1 day
abc. com                    IN SOA    www. abc. com. root. www. abc. com. (
                                      1997022700 ; serial
                                      28800       ; refresh（8 hours）
                                      14400       ; retry（4 hours）
                                      3600000     ; expire（5 weeks 6 days 16 hours）
                                      86400       ; minimum（1 day）
                                      )
                            NS        www. abc. com.
$ ORIGIN abc. com.
mail                        A         192. 168. 11. 3
www                         A         192. 168. 11. 2
```

至此，辅助 DNS 已经配置成功，可承担域 abc. com 的域名解析任务了。

任务 6　Linux 下配置 FTP 服务器

6.1　FTP 服务概述

1. 协议简介

FTP（File Transfer Protocol，文件传输协议）采用 C/S 传输模式，是应用层应用广泛的协议之一。它可以在网络中传输电子文档、图片、声音、影视等多种类型的文件，用户可使用 FTP 上传文件到服务器或从 FTP 服务器下载文件。

一个完整的 FTP 文件传输需要建立两种类型的连接：一种用于传递客户端的命令和服务器端对命令的响应，TCP 端口号默认为 21，称为控制连接；另一种实现真正的文件传输，称为数据连接，TCP 端口号默认为 20。

2. 用户类型

（1）本地用户

本地用户在 FTP 服务器上拥有账号，且该账号为本地用户的账号，可以通过输入自己的账号和口令进行授权登录，登录目录为自己的 home 目录（$HOME）。

（2）匿名用户

用户使用特殊用户名"anonymous"登陆 FTP 服务器，口令为空或用户的 E-mail 地址。匿名 FTP 登录后，用户的权限很低，一般只能查看信息和下载文件，不能上传或修改。在 Linux 中，默认登录目录为/var/ftp。

3. 相关命令

FTP 传输过程中的所有操作都是通过在客户端发送命令完成的，FTP 的常见命令见表10-4。

表 10-4　FTP 的常见命令及功能描述

命　　令	描　　述
USER	为用户验证提供用户名
LCD	改变本地目录
GET	从服务器上下载文件
PUT	从客户端上传文件到服务器指定目录
QUIT	退出关闭 FTP 连接

6.2　FTP 服务的配置文件

建立 FTP 服务器的软件很多，在 CentOS 5.4 下使用的是 VSFTPD（Very Secure FTP Daemon）。服务安装后，生成配置文件 vsftpd. conf 和辅助配置文件。

1. /etc/vsftpd/vsftpd. conf

vsftpd. conf 可以用来控制 VSFTPD 的多种行为，在默认情况下，VSFTPD 在/etc/vsftpd

路径下查找这个文件。vsftpd. conf 的格式非常简单，每行为注释或配置命令，注释行以
"#"开头，命令行有以下格式：

```
option = value（选项 = 值）
```

默认配置参数及其说明如下（//后为编者注释）：

```
anonymous_enable = YES              //允许匿名用户
local_enable = YES                  //允许本地用户登录
write_enable = YES                  //允许本地用户的写操作
#anon_upload_enable = YES           //设置是否允许匿名用户上传文件
#anon_mkdir_write_enable = YES      //设置是否允许匿名用户建立目录
#chown_uploads = YES                //设置是否允许修改上传文件的所有权
…
#async_abor_enable = YES
#ascii_upload_enable = YES          //使用 ASCII 方式上传和下载文件
#ascii_download_enable = YES
#ftpd_banner = Welcome to blah FTP service.
#deny_email_enable = YES
#banned_email_file = /etc/vsftpd. banned_emails
#chroot_list_enable = YES
#ls_recurse_enable = YES
userlist_enable = YES
listen = YES
```

2. VSFTPD 的辅助配置文件

辅助配置文件有两个，为/etc/vsftpd/ftpusers 和/etc/vsftpd/user_ list，与 vsftpd. conf 一
起对用户访问进行控制，具体设置可参考其手册帮助。

```
[root@ bogon mail]# man vsftpd. conf       //获取 vsftpd. conf 的手册帮助
```

6.3　VSFTPD 的安装与启动

VSFTPD 的源软件包名为 vsftpd，守护进程为 vsftpd，配置文件为/etc/vsftpd/vsftpd.
conf。

1）查看 CentOS 5.4 系统中是否安装了 VSFTPD，如果没有安装，还需要装载源安装
光盘，安装源文件包。

```
[root@ localhost ~ ]# rpm – qa | grep vsftpd
vsftpd – 2. 0. 5 – 16. el5
```

安装 VSFTPD 只需一个软件包即可。

2）启动、停止 VSFTPD 服务。

```
[root@ localhost ~ ]# service vsftpd start
Starting vsftpd for vsftpd：                            [   OK   ]
```

```
［root@ localhost ~］# service vsftpd restart
Shutting down vsftpd：                                        ［  OK  ］
Starting vsftpd for vsftpd：                                  ［  OK  ］
［root@ localhost ~］# service vsftpd stop
Shutting down vsftpd：                                        ［  OK  ］
［root@ localhost ~］# service vsftpd status
vsftpd is stopped
```

6.4　配置匿名 FTP 服务

当 VSFTPD 启动时，默认启动匿名 FTP 功能，允许用户匿名登录，可下载但不可上传和删除文件。

```
［root@ localhost etc］# service vsftpd restart
Shutting down vsftpd：                                        ［FAILED］
Starting vsftpd for vsftpd：                                  ［  OK  ］
［root@ localhost etc］# ftp 127. 0. 0. 1
Connected to 127. 0. 0. 1.
220（vsFTPd 2. 0. 1）
530 Please login with USER and PASS.
530 Please login with USER and PASS.
KERBEROS_V4 rejected as an authentication type
Name（127. 0. 0. 1：root）：anonymous
331 Please specify the password.
Password：
230 Login successful.
Remote system type is UNIX.
Using binary mode to transfer files.
ftp > mkdir testdir
550 Permission denied.                         //默认情况下在服务器上不能写
```

6.5　匿名用户的功能配置

1）修改/etc/vsftpd/vsftpd. conf，打开匿名用户上传功能，相关内容如下：

```
anon_upload_enable = YES    //允许匿名用户上传文件
anon_mkdir_write_enable = YES    //允许匿名用户建立目录
```

保存设置并重新启动 VSFTPD 服务，使配置生效。

```
［root@ bogon ftp］# service vsftpd restart
Shutting down vsftpd：                                        ［  OK  ］
Starting vsftpd for vsftpd：                                  ［  OK  ］
［root@ bogon ftp］#
```

2）创建匿名上传目录，并修改上传目录权限。

```
[root@ bogon mail]# cd /var/ftp
[root@ bogon ftp]# pwd
/var/ftp
[root@ bogon ftp]# mkdir incoming
[root@ bogon ftp]# chmod 777 incoming/
[root@ bogon ftp]# ll
total 12
drwxrwxrwx 2 root root 4096 Jan 19 09:59 incoming
drwxr－xr－x 2 root root 4096 Sep  3  2009 pub
[root@ bogon ftp]#
```

3）为方便测试，设置 FTP 服务器的 IP 为 192.168.11.2，网络连接方式为桥接，在 Windows 客户端设置 IP 为 192.168.11.10，并确定与 192.168.11.2 连通。打开"我的电脑"，在地址栏中输入 FTP 服务器的 IP 地址，此时用户可在 incoming 目录里进行写操作，建立文件夹和新建文件，如图 10-39 所示。

图 10-39   匿名 FTP 上传测试

6.6   配置 FTP 服务允许任意写操作

写操作就是对一个目录拥有写的权限，而其他用户则没有这个权限。原理很简单：本地用户登录 FTP 后，默认目录为/home 下的用户目录，本地用户对自己的 home 目录有完全权限。

在 CentOS 5.4 中添加用户 test 并改变其密码。

```
[root@ bogon  ~ ]# useradd test
[root@ bogon  ~ ]# passwd test                //在系统中增加 test 用户并改变其密码
Changing password for user test.
New UNIX password：
BAD PASSWORD：it is WAY too short
Retype new UNIX password：
passwd：all authentication tokens updated successfully.
[root@ bogon  ~ ]#
```

在访问 FTP 服务器时，使用"ftp://用户名：密码@ ftp 服务器的 IP 地址"形式，如 "ftp://test：l@ 192.168.11.2"。使用 test 登录，其登录后的目录就是/home/test/，为自己的主目录，对其具有完全权限，用户可以进行任意写操作，如图 10-40 所示。

图 10-40　本地用户的 FTP 操作

这种配置应用于对某一类型的 FTP 用户分配不同的 FTP 空间，用户使用空间需输入账户和相应密码。

任务7　Linux 下配置 Samba 服务器

7.1　Samba 服务简介

Samba 是一个能让 Linux 系统应用 Microsoft 网络通信协议的软件。SMB （Server Message Block，信息服务块） 主要是作为 Microsoft 的网络通信协议，后来 Samba 将 SMB 通信协议应用到了 Linux 系统上。

Samba 既可以用于 Windows 与 Linux 之间的文件共享，也可以用于 Linux 之间的资源共享。Samba 由 SMB 和 NMB 服务组成，其中 SMB 基于 C/S 模型，负责建立 Samba 服务器与 Samba 客户机之间的对话，NMB 服务负责解析，实现与 DNS 类似的功能。

要在 Windows 系统下查看 Linux Samba 服务器共享文件，打开"我的电脑"，在地址栏中输入以下网络地址：

\\Samba 服务器 IP\共享目录名称

7.2　Samba 服务的安全级别

Linux 下的 Samba 服务有多种安全级别，常用的有两种，即 share 和 user，在配置文件中具体由 security 参数指定。

1）user：客户端访问服务器时需要输入用户名和密码，通过验证后，才能使用服务器的共享资源，此级别使用加密的方式传送密码。

2）share：客户端连接服务器时不需要输入用户名和密码。

7.3　Samba 服务的配置

CentOS 5.4 中 Samba 服务的软件包为 samba – 3.0.33 – 3.14. el5. i386. rpm，配置文件为/etc/samba/smb. conf，守护进程为 smb。

检测 Samba 服务是否安装。

```
[root@ bogon samba]# rpm - aq | grep samba
samba - common - 3.0.33 - 3.14.el5
samba - 3.0.33 - 3.14.el5
samba - client - 3.0.33 - 3.14.el5
system - config - samba - 1.2.41 - 5.el5
```

如果没有安装，还需要装载 CentOS 5.4 的安装镜像，进行安装。在光盘目录下，Samba 的相关文件如下：

```
[root@ bogon samba]# cd /media/CentOS/
[root@ bogon CentOS]# ls samba *
samba - 3.0.33 - 3.14.el5.i386.rpm        samba - common - 3.0.33 - 3.14.el5.i386.rpm
samba - client - 3.0.33 - 3.14.el5.i386.rpm    samba - swat - 3.0.33 - 3.14.el5.i386.rpm
[root@ bogon CentOS]#
```

相关安装包说明如下：

```
samba - common        //提供 Samba 服务器的设置文件与语法检验程序 testparm
samba - client        //客户端软件,主要提供 Linux 主机作为客户端时,所需要的工具指令集
samba - swat          //基于 HTTPS 的 Samba 服务器 Web 配置界面
samba                 //服务器端软件,主要提供 Samba 服务器的守护程序,共享文档
```

Samba 服务源软件包安装后，会生成配置文件目录/etc/samba 和其他一些 Samba 可执行命令工具，/etc/samba/smb.conf 是 Samba 的核心配置文件，/etc/init.d/smb 是 Samba 的启动/停止守护进程文件，利用 ntsysv 也可以看到系统进程 SMB，如图 10-41 所示。

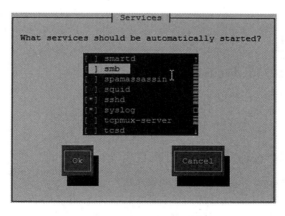

图 10-41　Samba 守护进程 smb

7.4　Samba 服务的启动与停止

用户可以通过/etc/init.d/smb start/stop/restart 来启动、关闭、重启 Samba 服务，启动 SMB 服务如下所示。

```
[root@ bogon init. d]# /etc/init. d/smb restart        //重新启动
Shutting down SMB services：                           [    OK    ]
Shutting down NMB services：                           [    OK    ]
Starting SMB services：                                [    OK    ]
Starting NMB services：                                [    OK    ]
[root@ bogon init. d]# /etc/init. d/smb stop           //停止
Shutting down SMB services：                           [    OK    ]
Shutting down NMB services：                           [    OK    ]
[root@ bogon init. d]# /etc/init. d/smb start          //启动
Starting SMB services：                                [    OK    ]
Starting NMB services：                                [    OK    ]
[root@ bogon init. d]# /etc/init. d/smb status         //查看状态
smbd（pid   3309）is running…
nmbd（pid   3312）is running…
[root@ bogon init. d]#
```

或者如下：

```
[root@ bogon init. d]# service smb restart
Shutting down SMB services：                                [    OK    ]
Shutting down NMB services：                                [    OK    ]
Starting SMB services：                                     [    OK    ]
Starting NMB services：                                     [    OK    ]
[root@ bogon init. d]# service smb stop
Shutting down SMB services：                                [    OK    ]
Shutting down NMB services：                                [    OK    ]
[root@ bogon init. d]# service smb start
Starting SMB services：                                     [    OK    ]
Starting NMB services：                                     [    OK    ]
[root@ bogon init. d]# service smb status
smbd（pid   3250）is running…
nmbd（pid   3253）is running…
[root@ bogon init. d]#
```

用户也可以使用 chkconfig 命令设置开机自启动。

```
[root@ bogon init. d]# chkconfig －－ list |  grep smb
smb              0：off   1：off   2：off   3：off   4：off   5：off   6：off
[root@ bogon init. d]# chkconfig －－ level 35 smb on
[root@ bogon init. d]# chkconfig －－ list |  grep smb
smb              0：off   1：off   2：off   3：on    4：off   5：on    6：off
[root@ bogon init. d]#
```

7.5　Samba 服务的配置文件

1. 配置文件内容部分解释

Samba 的主配置文件为/etc/samba/smb. conf，由两部分构成：Global Settings（全局设置）部分配置 Samba 服务整体运行环境有关的选项；Share Definitions（共享定义）部分配置某个共享目录。

以下输出 CentOS 5.4 中的 smb. conf（//后为编者注释，部分内容省略）。

```
#
#======================= Global Settings ===================================
//全局设置部分
[global]
        workgroup = MYGROUP              //工作组
;       hosts allow = 127. 192. 168. 12. 192. 168. 13.          //允许访问的主机段地址

# --------------------------- Standalone Server Options ------------------------
//服务器设置部分
        security = user              //安全级别

#========================= Share Definitions ============================
                    //共享目录设置部分
[homes]
        comment = Home Directories
        browseable = no
        writable = yes
;       valid users = % S
;       valid users = MYDOMAIN\% S
[printers]
        comment = All Printers
        path = /var/spool/samba
        browseable = no
        guest ok = no
        writable = no
        printable = yes
```

全局设置部分语句的解释如下。

1）workgroup = WORKGROUP：设定 Samba Server 要加入的工作组。

2）server string = Samba Server Version % v：设定 Samba Server 的注释，"% v"表示显示 Samba 的版本号。

3）netbios name = smbserver：设置 Samba Server 的 NetBIOS 名称。

4）interfaces = lo eth0 192. 168. 12. 2/24 192. 168. 13. 2/24：设置 Samba Server 监听哪些网卡。

5）hosts allow = 127. 192. 168. 1. 192. 168. 10. 1：设置允许连接到 Samba Server 的客户端，可以用一个 IP 表示，也可以用一个网段表示。

6）security = user：设置用户访问 Samba Server 的验证方式，验证方式如下所述。

2. 目录共享部分解释

设置一个共享目录，其格式如 smb. conf 中［homes］目录的定义部分，说明如下。

1）在［　］中写入共享目录名，也就是客户机能够看到的共享名称。

2）comment = 任意字符串：对该共享的描述，可以是任意字符串。

3）path = 共享目录路径：path 用来指定共享目录的路径，需用绝对路径表示。

4）browseable = yes/no：用来指定该共享是否可以浏览。

5）writable = yes/no：用来指定该共享路径是否可写。

6）available = yes/no：用来指定该共享资源是否可用。

7）public = yes/no：用来指定该共享是否允许 guest 账户访问。

8）guest ok = yes/no：意义同"public"。

9）read only = yes/no：是否以只读方式共享。

7.6　配置 share 级别的共享

在默认安装的基础上，修改共享级别为 share。在/etc/samba/smb. conf 中的 Standalone Server Options 部分找到"security = user"，改为"security = share"，如图 10-42 所示。

```
# ----------------------- Standalone Server Options -----------------------
#
# Security can be set to user, share(deprecated) or server(deprecated)
#
# Backend to store user information in. New installations should
# use either tdbsam or ldapsam. smbpasswd is available for backwards
# compatibility. tdbsam requires no further configuration.

#       security = user
        security = share
        passdb backend = tdbsam
```

图 10-42　share 共享安全级别设置

在配置文件 smb. conf 的"share definition"部分，根据需要建立一个共享目录，如定义的共享目录 tmp 部分的设置如下：

```
# A publicly accessible directory, but read only, except for people in
［tmp］
        comment = temporary directory
        path = /tmp
        read only = no
        public = yes
```

上面设置了共享目录为/tmp，下面就需要建立/tmp 目录。

```
［root@ bogon init. d］# cd //回到根目录
［root@ bogon /］# mkdir tmp                    //建立共享目录
［root@ bogon /］# cd tmp
［root@ bogon tmp］# touch samba. txt              //建立测试文件
［root@ bogon tmp］#
```

由于要设置匿名用户可以下载或上传共享文件，所以要给/tmp 目录授权为 nobody。

```
［root@ bogon /］# chown － R nobody. nobody /tmp
［root@ bogon /］# ll /tmp
total 0
－ rw － r － － r － － 1 nobody nobody 0 Jan 21 02：16 samba. txt
［root@ bogon /］#
```

保存配置文件并重新启动 Samba 服务。

　　设置 Samba 服务所在的 CentOS 5.4 虚拟机的网络连接方式为桥接，IP 配置为与主机相同的网段。在测试客户机中打开"我的电脑"，在地址栏中输入" \\ Samba 共享服务的 IP 地址"，不需要用户名和密码即可看到共享目录，如图 10-43 所示，打开共享目录，可写访问。

图 10-43　访问共享目录

7.7　配置 user 级别的共享

　　在 CentOS 5.4 中，Samba 安装后，默认为 user 安全级别的共享，用户使用共享目录时需要输入正确的 Samba 账户和密码。在默认情况下，如果不添加另外的共享目录，user 级别的共享目录是用户的主目录。步骤如下：

1）在 CentOS 5.4 系统中建立一个用户 test 并改变用户的密码。

2）把用户 test 添加为 Samba 的用户并改变密码，重启 Samba 服务。

```
[root@ bogon samba]# smbpasswd  - a test
New SMB password：
Retype new SMB password：
Added user test.
[root@ bogon samba]#
[root@ bogon  ~ ]# service smb restart
Shutting down SMB services：                              [   OK   ]
Shutting down NMB services：                              [   OK   ]
Starting SMB services：                                   [   OK   ]
Starting NMB services：                                   [   OK   ]
[root@ bogon  ~ ]#
```

在测试客户机中打开"我的电脑"，在地址栏中输入"\\Samba 共享服务的 IP 地址\"，则出现以下登录画面，这就是 user 级别的共享服务，如图 10-44 所示。

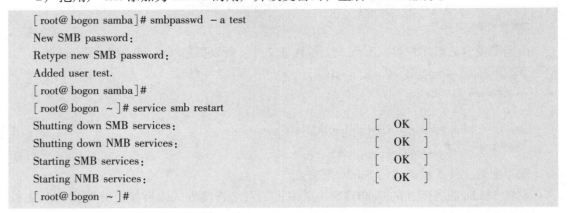

图 10-44   user 级别的 Samba 共享

输入建立的 Samba 用户名和密码后，进入用户的主目录，用户对其主目录有写的权限，对本章第 7.6 节中建立的 tmp 目录也可以进行写操作，但不能删除原有的文件和目录。

在 CentOS 5.4 的某些环境下，需要禁止防火墙和 SElinux，才可使用 Samba 共享服务。

任务8   Linux 下配置邮件服务器

8.1   电子邮件服务的工作原理

邮件服务是 Internet 上使用人数最多且最频繁的应用之一。目前大部分的邮件系统采用简单邮件传输协议，通过存储转发式的非定时通信方式完成发送、接收邮件等基本功能。普通用户通过使用自己的用户名、口令可以开启邮箱完成阅读、存储、回信、转发、删除邮件等操作。

电子邮件基于 C/S 模式。对于一个完整的电子邮件系统而言，它主要由以下 3 个部分组成：用户代理、邮件服务器、电子邮件使用的协议。现在主要的协议有 SMTP、POP3、IMAP4，其中 POP3 和 IMAP4 用于接收邮件，SMTP 用于发送邮件，如图 10-45 所示。

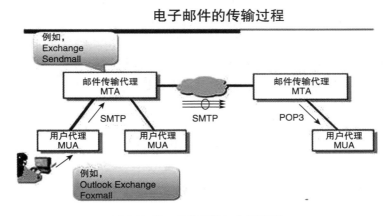

图 10-45   邮件系统工作示意图

8.2 相关概念

1）MUA（Mail User Agency，邮件用户代理）：使用邮件系统时，Client 端用户都需要通过各个操作系统提供的 MUA 才能够使用邮件系统，如 WindowsXP 下的 OutLook Express。

2）MTA（Mail Transfer Agent，邮件传输代理）：邮件主机上的软件，也称为邮件服务器，如 Linux 上的 sendmail 就是 MTA。

3）SMTP（Simple Mail Transfer Protocol，简单邮件传输协议）：一组用于从源地址到目的地址传输邮件的规范。

4）POP3（Post Office Protocol 3，邮局协议的第 3 个版本）：下载电子邮件的协议。

8.3 电子邮件服务器软件 Sendmail

当前运行在 Linux 环境下免费的邮件服务器（或称为 MTA）有多种，比较常见的有 Sendmail、Qmail、Postfix 等，其中 Sendmail 是应用最广的电子邮件服务器。

CentOS 5.4 系统安装后，Sendmail 软件包默认安装，其配置文件在/etc/mail 目录，关键配置文件见表 10-5。

表 10-5　Sendmail 配置文件及其功能

文　件　名	功　　　能
/etc/mail/sendmail. cf	Sendmail 的主配置文件
/etc/mail/local – host – name	Sendmail 接收邮件主机名文件
/etc/mail/access	Sendmail 访问数据库文件

1) sendmail. cf 文件：Sendmail 的主配置文件，Sendmail 使用 M4 宏处理器来"编译"其配置文件 sendmail. mc 以生成 sendmail. cf。

2) access 文件：定义了什么主机或者 IP 地址可以访问本地邮件服务器。主机默认列出 "OK"，表示允许传送邮件到主机，列出 "REJECT" 将拒绝所有的邮件连接。

3) local-host-name 文件：内容为收发邮件的源主机域名或主机名。例如，这个邮件服务器从域 example. com 和主机 mail. example. com 接收邮件，它的 local-host-names 文件设置如下：

```
example. com
mail. example. com
```

8.4　发送邮件服务与接收邮件服务软件包的安装

在 CentOS 5. 4 中，默认情况下安装 Sendmail 作为发送邮件服务，可以用 rpm 命令检测系统中安装的 Sendmail。

```
[ root@ localhost  ~ ]# rpm  – aq | grep sendmail
sendmail – cf – 8. 13. 1 – 3. 3. el4
sendmail – 8. 13. 1 – 3. 3. el4
```

说明系统中已经安装了 Sendmail，版本是 8. 13。

在 CentOS 5. 4 中，默认情况下安装 Dovecot 作为接收邮件服务，可以用 rpm 命令检测系统中安装的 Dovecot。

```
[ root@ bogon  ~ ]# rpm  – aq | grep dovecot
dovecot – 1. 0. 7 – 7. el5
```

说明系统中已经安装了 Dovecot。

如果系统中没有安装发送和接收邮件的源软件包，还需要装载源光盘镜像，安装源软件包。在 CentOS 5. 4 系统中，发送邮件和接收邮件服务的源软件包如下：

```
[ root@ bogon CentOS]# ls sendmail *
sendmail – 8. 13. 8 – 2. el5. i386. rpm        sendmail – devel – 8. 13. 8 – 2. el5. i386. rpm
sendmail – cf – 8. 13. 8 – 2. el5. i386. rpm    sendmail – doc – 8. 13. 8 – 2. el5. i386. rpm
[ root@ bogon CentOS]# ls dovecot *
dovecot – 1. 0. 7 – 7. el5. i386. rpm
[ root@ bogon CentOS]#
```

8.5 电子邮件服务的启动

在确认安装了 Sendmail 与 Dovecot 后，用户可以使用命令来启动邮件服务。

```
[root@ localhost  ~ ]# service sendmail restart
Shutting down sendmail：                                    [FAILED]
Starting sendmail：                                        [  OK  ]
Starting sm - client：                                     [  OK  ]
[root@ localhost  ~ ]# service dovecot restart
Stopping Dovecot Imap：                                    [FAILED]
Starting Dovecot Imap：                                    [  OK  ]
[root@ localhost  ~ ]#
```

使用 chkconfig 命令可以设置系统开机时自动启动 Sendmail 和 Dovecot 服务。

8.6 邮件服务器配置实例

下面以发送邮件服务器软件 Sendmail、接收邮件服务器软件 Dovecot 为例来介绍电子邮件服务器的安装与配置，并使用实例来说明单域收发邮件。

配置任务描述：在主机 mail. 05431. com（192. 168. 11. 2）上配置 Sendmail 服务，实现 Windows 用户的要求，可以使用 Outlook Express 收发邮件。测试用户为 user1 @ mail. 05431. com 和 user2@ mail. 05431. com。

1. 配置 DNS

DNS 的配置主要是设置 DNS 解析中的 MX 记录。MX 记录指向一个邮件服务器，用于在邮件系统发邮件时根据收信人的地址扩展名来定位邮件服务器。

1）设置主机 mail. 05431. com 的 IP 地址为 192. 168. 11. 2，并测试连通性。

2）在主机 mail. 05431. com（192. 168. 11. 2）上配置 DNS 服务器，负责域 05431. com 的解析，具体配置过程参见 DNS 配置。为了简化，这里只列出了/etc/named. rfc1912. zones（链接文件）中的正向区域文件配置。

```
zone "05431. com" IN {
        type master;
        file "05431. com";
};
```

域 05431. com 的正向区域文件/var/named/05431. com 文件的内容如下：

```
$ TTL     86400
@       IN     SOA      mail. 05431. com. root. mail. 05431. com.   (
                        1997022700 ; Serial
                        28800      ; Refresh
                        14400      ; Retry
                        3600000    ; Expire
                        86400 )    ; Minimum
```

```
                      IN      NS        mail. 05431. com.
               IN     MX      1         mail. 05431. com.
mail    IN     A      192. 168. 11. 2
```

注意该文件内容包含了 MX 记录，指向一个具体的邮件服务器。

3）重新启动 named 服务并测试。设置主机 mail. 0531. com 的域名设置，即在/etc/resolv. conf 中写入使用的 DNS 地址为 192. 168. 11. 2。

```
[root@ localhost named]# service named restart
Stopping named：                                        [ FAILED ]
Starting named：                                         [   OK   ]
[root@ bogon etc]# nslookup mail. 05431. com 192. 168. 11. 2
Server：          192. 168. 11. 2
Address：         192. 168. 11. 2#53
Name：    mail. 05431. com
Address：192. 168. 11. 2
```

2. 发送邮件服务的配置

1）Sendmail 服务器默认只转发本机的邮件，编辑虚拟机 Sendmail 服务器的配置文件/etc/mail/sendmail. mc，把只转发本机邮件的行注释如下：

```
dnl#DAEMON_OPTIONS('Port = smtp, Addr = 127. 0. 0. 1, Name = MTA')dnl
```

执行 m4 命令生成新的 sendmail. cf 文件（某些情况下需要安装 m4 执行程序的源软件包以使用 m4 宏命令）。

```
[root@ localhost mail] #cd   /etc/mail/
[root@ localhost mail]# m4 sendmail. mc > sendmail. cf
```

2）编辑虚拟机上的/etc/mail/local - host - names 数据库文件，使主机能够转发域 05431. com 的邮件。

虚拟机 mail. 05431. com 上/etc/mail/local - host - name 文件内容如下：

```
# local - host - names  -  include all aliases for your machine here.
mail. 05431. com
05431. com
```

3）编辑虚拟机上的/etc/mail/access 文件。

```
# by default we allow relaying from localhost...
Connect：localhost. localdomain          RELAY
Connect：localhost                        RELAY
Connect：127. 0. 0. 1                      RELAY
Connect：05431. com                       RELAY
```

在虚拟机上执行 makemap 命令生成新的 access. db 数据文件。

```
[root@ localhost mail]# makemap hash /etc/mail/access. db  <  /etc/mail/access
```

4）在虚拟机上重新启动 Sendmail 服务。

```
[root@ localhost mail]# service sendmail restart
Shutting down sendmail：                              [FAILED]
Starting sendmail：                                   [  OK  ]
Starting sm－client：
```

3. 接收邮件服务的配置

编辑 Dovecot 的配置文件/etc/dovecot. conf，把以下行的注释去掉，以开启 POP3 服务，相关部分内容如下：

```
# If you only want to use dovecot－auth, you can set this to "none".
#protocols = imap imaps pop3 pop3s
protocols = imap imaps pop3 pop3s
```

在虚拟机上重新启动 Dovecot 服务。

```
[root@ localhost etc]# service dovecot start
Starting Dovecot Imap：                               [  OK  ]
```

4. 转发邮件的测试

在虚拟机 mail. 05431. com 分别建立两个用户 user1 和 user2，使用 mail 程序互相发送邮件。

1）使用 CentOS 5. 4 虚拟机测试。

```
[root@ localhost ~]# su － user1
[user1@ localhost ~]$ mail user2@ 05431. com
Subject：user1 to user2 in 05431. com
hello
Cc：
[user1@ localhost ~]$ su － user2
Password：
[user2@ localhost ~]$ mail
Mail version 8. 1 6/6/93.   Type ? for help.
"/var/spool/mail/user2"：1 message 1 new
>N  1 user1@ localhost. loca  Fri Mar  9 10:21   16/654    "user1 to user2 in 054"
& 1
```

2）使用 WindowsXP 的 Outlook Express 测试

在 Windows XP 中设置网络属性，把其 DNS 服务器设为"192. 168. 11. 2"，以便能够解析 mail. 05431. com 域名，如图 10-46 所示。

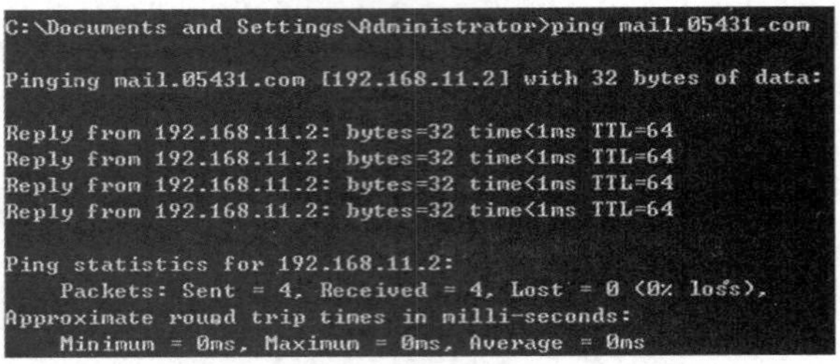

图 10-46　Windows 中的 DNS 设置检测

启动 Outlook Express，从"工具"→"账户"→"邮件"中添加邮件账户，如图 10-47 所示。

图 10-47　Windows 中的 Outlook Express 账户设置

按照如图 10-48 所示步骤设置 user1 账户信息。

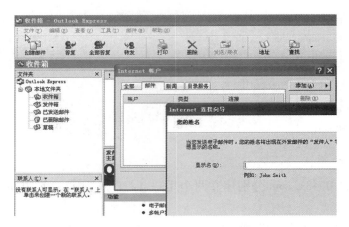

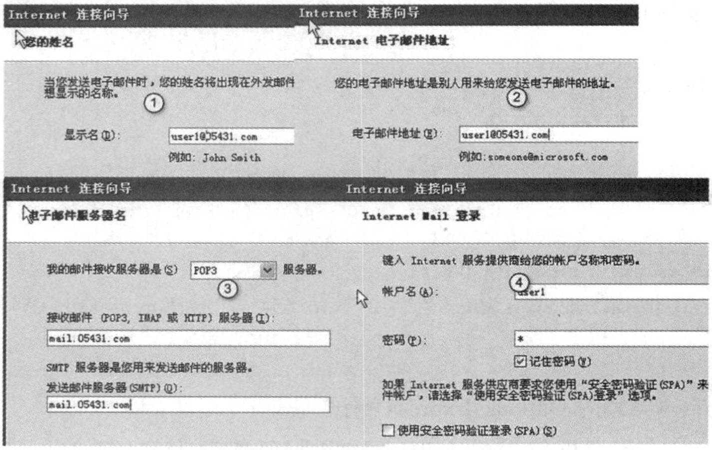

图 10-48　设置邮件账户向导

然后在 Outlook Express 中创建一个给 user2 的邮件，如图 10-49 所示。

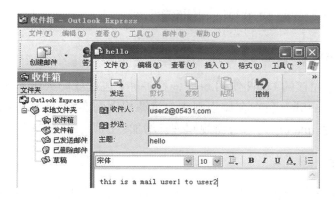

图 10-49　user1 向 user2 发送邮件

再把账户信息改变成为 user2 的信息，如图 10-50 所示。

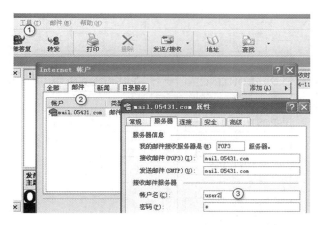

图 10-50　改变账户信息为 user2

在 Outlook Express 中查看收发邮件，可以看到已经收到了 user1 发送给 user2 的邮件，如图 10-51 所示。

图 10-51　user2 发送和接收邮件

任务 9　Linux 下配置防火墙 iptables

9.1　Linux 下的防火墙 iptables 简介

2.4.x 以上版本内核的 Linux 使用 netfilter/iptables 包过滤防火墙系统。它包括 netfilter 和 iptables 两部分，netfilter 负责存储规则和包过滤规则的匹配，iptables 是 netfilter 的外部配置工具，用户通过 iptables 对包过滤规则进行增加、删除、修改等操作。

9.2　netfilter 框架

在 netfilter 框架中，提供了 filter、nat 和 mangle、raw 共 4 个表（Table），系统默认使用的是 filter 表。每个表包含若干个链（Chain），每条链中有一条或多条过滤规则（Rule）。iptables 网络限制策略由规则、链及表构成，表是链的容器，链是规则的容器，如图 10-52 所示。

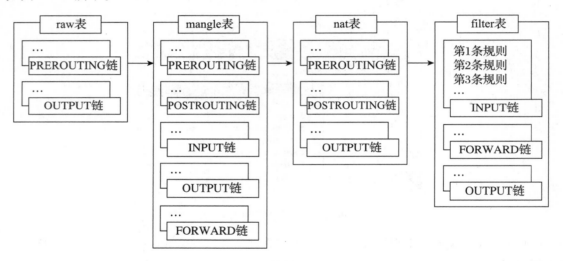

图 10-52　netfilter/iptables 框架组成

1. 表

iptables 内置 3 个表：filter、nat、mangle。过滤规则应用于 filter 表，NAT 规则应用于 nat 表，用于修改分组数据的特定规则应用于 mangle 表。

2. 链

链是数据包传输的路径，当一个数据包由内核中的路由计算确定为指向本地 Linux 系统之后，经过 INPUT 链的检查，OUTPUT 链保留给由 Linux 系统自身生成的数据包，FORWARD 链管理经过 Linux 系统路由的数据包。

3. 规则

规则定义了如何判断一个包的特征及匹配时所进行的操作，如接受（Accept）、拒绝（Reject）和丢弃（Drop）等，配置防火墙的主要工作就是添加、修改和删除规则。

9.3　iptables 命令格式

1. 语法格式

iptables［－t 表名］－命令 －匹配 －j 动作/目标

常用选项的说明如下。

－t：用来指定所操作的表，其中默认为 filter 表，如果要指定其他的表，如 nat 表，则必须用－t nat 来指定。

命令：指要进行规则的操作命令。

匹配：指定要匹配的包特征。

－j：指定对匹配的包所采取动作。

2. 规则编写方法

编写规则的 5 部分如下：

1）工作在哪个表上。

2）工作在指定表的哪个链上。

3）做何操作（如添加、删除、替换、显示、清除等）。

4）匹配的条件。

5）满足条件后的处理动作（接收、丢弃、拒绝或交给其他的自定义链处理）。

写一个 iptables 规则时，需要指明这 5 个部分，如图 10-53 所示。

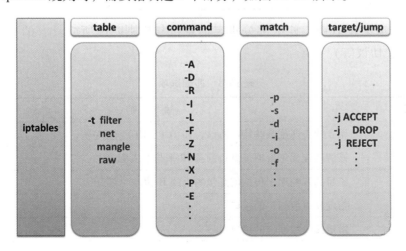

图 10-53　iptables 命令的格式

3. 相关选项

1）表名选项见表 10-6。

表 10-6　表名选项

表　　名	实 现 功 能
filter	信息包过滤，包含 INPUT、OUTPUT、FORWARD 链
nat	网络地址转换，包含 PREROUTING、OUTPUT、POSTROUTING 链
mangle	标记、修改包

2）命令选项见表 10-7。

表 10-7　命令选项

命　　令	功　　能
− A	将一条规则附加到链的末尾
− N	用命令中所指定名称创建一个新链
− D	指定要匹配的规则或者指定规则在链中的位置编号，该命令可从链中删除该规则
− I	在指定规则前插入规则
− L	列出指定链中的所有规则
− F	如果指定链名，该命令删除链中的所有规则；如果未指定链名，该命令删除所有链中的所有规则
− P	该命令设置链的默认目标（策略），所有与链中任何规则不匹配的信息包将被强制使用此链的策略

3）匹配选项见表 10-8。匹配部分指定信息包与规则匹配所应具有的特征（如源地址、目的地址、协议等）。

表 10-8　匹配选项

选　　项	说　　明
− p	用于检查匹配某些特定协议，如 TCP、UDP、ICMP
− s	该源匹配用于根据信息包的源 IP 来与之匹配
− d	该目的匹配用于根据信息包的目的 IP 来与之匹配
− o	指定发送数据包的接口
− i	指定接收数据包的接口

4）目标操作选项见表 10-9。目标是由规则指定的操作，对与那些规则匹配的信息包执行这些操作。

表10-9　目标选项

选　　项	功　　能
ACCEPT	当信息包与具有 ACCEPT 目标的规则完全匹配时，会被接受，并将停止遍历链
DROP	当信息包与具有 DROP 目标的规则完全匹配时，会阻塞该信息包，并且不对它做进一步处理
REJECT	该目标的工作方式与 DROP 目标相同，但比 DROP 好，它将错误信息发回给信息包的发送方

9.4　iptables 的部分配置语句

（1）iptables 的初始化

```
［root@ localhost ～］# iptables － t nat － F              //清空 nat 表规则
［root@ localhost ～］# iptables － F                     //清空 filter 规则
［root@ localhost ～］# iptables － P FORWARD DROP        //设置 FORWARD 默认的策略为 DROP
［root@ localhost ～］# echo ″1″ > /proc/sys/net/ipv4/ip_forward   //打开 IP 转发规则
```

（2）查看默认配置

```
［root@ mail ～］# iptables － L                   //filter 数据包过滤的表
［root@ mail ～］# iptables － t nat － L           //nat 网络地址转换表
［root@ mail ～］# iptables － t mangle － L        //mangle 数据包处理的表
```

（3）保存与恢复配置

```
［root@ mail ～］# service iptables save
将当前规则保存到 /etc/sysconfig/iptables：              ［确定］
```

或者如下：

```
［root@ mail ～］# iptables － save  > /etc/sysconfig/iptables
［root@ mail ～］# iptables － save  > /etc/sysconfig/iptables
［root@ localhost sysconfig］# iptables － restore  < /etc/sysconfig/iptables //从默认配置文件中恢复策略
```

（4）部分设置例子（//后为编者注释）

1）屏蔽来自外部的 ping。

```
iptables － A INPUT － p icmp －－ icmp － type echo － request － j DROP
iptables － A OUTPUT － p icmp －－ icmp － type echo － reply － j DROP
```

2）屏蔽环回（Loopback）访问。

```
iptables － A INPUT － i lo － j DROP
iptables － A OUTPUT － o lo － j DROP
```

3）仅允许来自指定 192.168.216.0/24 的网络 SSH 连接请求。

iptables − A INPUT − i eth0 − p tcp − s 192.168.216.0/24 −− dport 22 − m state −− state NEW,
ESTABLISHED − j ACCEPT
iptables − A OUTPUT − o eth0 − p tcp −− sport 22 − m state −− state ESTABLISHED − j ACCEPT

4）仅允许 HTTP 连接（80 端口）。

iptables − A INPUT − i eth0 − p tcp −− dport 80 − m state −− state NEW,ESTABLISHED − j ACCEPT
iptables − A OUTPUT − o eth0 − p tcp −− sport 80 − m state −− state ESTABLISHED − j ACCEPT

5）允许 HTTPS 连接（443 端口）。

iptables − A INPUT − i eth0 − p tcp −− dport 443 − m state −− state NEW, ESTABLISHED −
j ACCEPT
iptables − A OUTPUT − o eth0 − p tcp −− sport 443 − m state −− state ESTABLISHED − j ACCEPT

6）允许 IMAP 连接（143 端口）。

iptables − A INPUT − i eth0 − p tcp −− dport 143 − m state −− state NEW, ESTABLISHED −
j ACCEPT
iptables − A OUTPUT − o eth0 − p tcp −− sport 143 − m state −− state ESTABLISHED − j ACCEPT

7）允许 IMAPS 连接（993 端口）。

iptables − A INPUT − i eth0 − p tcp −− dport 993 − m state −− state NEW, ESTABLISHED −
j ACCEPT
iptables − A OUTPUT − o eth0 − p tcp −− sport 993 − m state −− state ESTABLISHED − j ACCEPT

8）允许 POP3（110 端口）与 POP3S（995 端口）。

iptables − A INPUT − i eth0 − p tcp −− dport 110 − m state −− state NEW, ESTABLISHED −
j ACCEPT
iptables − A OUTPUT − o eth0 − p tcp −− sport 110 − m state −− state ESTABLISHED − j ACCEPT
iptables − A INPUT − i eth0 − p tcp −− dport 995 − m state −− state NEW, ESTABLISHED −
j ACCEPT
iptables − A OUTPUT − o eth0 − p tcp −− sport 995 − m state −− state ESTABLISHED − j ACCEPT

9）SNAT 与 MASQUERADE，把所有 192.168.216.0 网段的数据包 SNAT 成
218.28.91.98 的 IP。

iptables − t nat − A POSTROUTING − s 192.168.1.0/24 − o eth0 − j snat −− to −
source 218.28.91.98

10）IP 范围匹配。

iptables − A INPUT − p tcp − m iprange −− src − range 192.168.2.11 − 192.168.2.19 − j DROP
iptables − A INPUT − p tcp − m iprange −− dst − range 192.168.2.11 − 192.168.2.19 − j DROP

11）防止 DoS 攻击。

iptables − A INPUT − p tcp −− dport 80 − m limit −− limit 25/minute −− limit − burst 100 − j ACCEPT
− m limit：启用 limit 扩展。

－limit 25/minute：允许最多每分钟 25 个连接。

－limit－burst 100：当达到 100 个连接后，才启用上述 25/minute 限制。

9.5   配置 iptables 使用局域网通过 NAT 连接互联网

源 NAT（Source NAT，SNAT）就是修改数据包的源地址。源 NAT 改变第一个数据包的来源地址，它在数据包发送到网络之前完成。

图 10-54 是某企业局域网络的典型结构，公司使用 C 类私有 IP 地址网段192.168.0.0/24 给局域网络用户分配 IP 地址，这些客户机通过局域网络交换机连接，公司有一台 CentOS 5.4 服务器专门用于连接互联网络，CentOS 5.4 使用 ppp0 拨号连通外网。下面对 CentOS 5.4 进行 iptables 配置，使局域网络用户能够通过 NAT 上网。

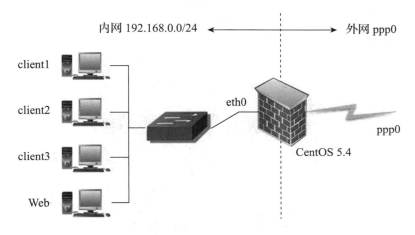

图 10-54   典型企业的上网拓扑

1. 配置分析

大部分企业都面临着将局域网的主机接入 Internet 的需求，在 IPv4 支持的可用 IP 地址资源匮乏时，使用 iptables 的 SNAT 策略是最佳选择。当 CentOS 5.4 未使用 SNAT 时，局域网访问 Internet 的数据包，经网关转发后其源 IP 地址保持不变（仍为 192.168.0.0/24），而 Internet 中主机收到这样的请求数据包后，因其为私有地址，无法为其返回应答数据包，而导致访问失败。

如果在 CentOS 5.4 中应用 SNAT 策略，则将该外出数据包的源 IP 地址修改为 CentOS 5.4 的外网接口地址，相当于以公网身份提交数据访问请求，自然就可以收到正常的响应数据包。

2. 配置企业的 CentOS 5.4

1）要求 CentOS 5.4 尽量安装必须的应用服务以减小系统资源的占用。利用 ntsysv 把不需要的服务都在启动时禁止，如图 10-55 所示。

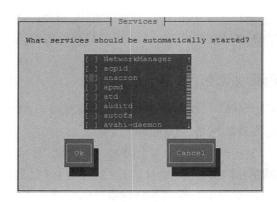

图 10-55 禁用不必要服务

2）在 CentOS 5.4 上安装好网卡，外部连接采用静态地址上网，需要有两块网卡，其中外网的设置如图 10- 56 所示，这时的网卡名为 eth1。网关和子网掩码参数由 ISP（Internet Service Provider，互联网服务提供商）所提供，具体的数值以实际为准。

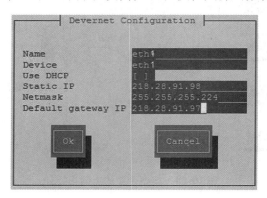

图 10-56 外部网卡参数

如果外网连接采用拨号连接，还需要在 CentOS 5.4 上执行 adsl – setup 命令。

```
[ root@ bogon  ~ ]# adsl – setup
Welcome to the ADSL client setup.   First, I will run some checks on
your system to make sure the PPPoE client is installed properly...

LOGIN NAME

Enter your Login Name ( default root ): ggl3251

INTERFACE

Enter the Ethernet interface connected to the ADSL modem
For Solaris, this is likely to be something like /dev/hme0.
For Linux, it will be ethX, where 'X' is a number.
( default eth0 ):
```

依据向导设置其 ppp 拨号的具体参数。

3）配置 CentOS 5.4 连接内网的网卡如 eth0 的地址为 192.168.0.1/24，作为所有内网机器的网关，本身不配置网关，如图 10-57 所示。

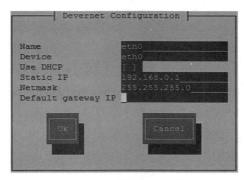

图 10-57　局域网卡参数

4）配置 CentOS 5.4 的外网，使其能够正常连接互联网络。作为让局域网内所有机器上网的途径，本身要首先能够连接网络。

具体方法是在主机上用 ping 命令连通一个外部网站，如 www.zz.ha.cn，调试直到正常联通，没有丢包现象。

```
[root@ bogon ~]# ping www.zz.ha.cn
PING www.shangdu.com (182.118.3.166) 56(84) bytes of data.
64 bytes from hn.kd.ny.adsl (182.118.3.166): icmp_seq = 1 ttl = 128 time = 11.1 ms
64 bytes from hn.kd.ny.adsl (182.118.3.166): icmp_seq = 2 ttl = 128 time = 12.1 ms
64 bytes from hn.kd.ny.adsl (182.118.3.166): icmp_seq = 3 ttl = 128 time = 11.2 ms
```

3. 配置 iptables 防火墙策略

1）首先要设置防火墙的默认策略为禁止所有包转发。

```
[root@ bogon ~]# iptables - L
Chain INPUT (policy ACCEPT)
target     prot opt source              destination

Chain FORWARD (policy DROP)
target     prot opt source              destination

Chain OUTPUT (policy ACCEPT)
target     prot opt source              destination
```

2）配置 SNAT 策略，允许所有 192.168.0.0/24 的客户端通过转发，并进行公网地址转换。

```
[root@ bogon ~]# iptables - t nat - A POSTROUTING - s 192.168.0.0/24 - o eth1 - j SNAT -- to 218.28.91.98
[root@ bogon ~]# iptables - L - t nat
Chain PREROUTING (policy ACCEPT)
```

```
target        prot opt source                destination

Chain POSTROUTING （policy ACCEPT）
target        prot opt source                destination
SNAT          all  －－  bogon               anywhere              to:218.28.91.98

Chain OUTPUT （policy ACCEPT）
target        prot opt source                destination
```

如果外网采用非静态 IP 地址的 ADSL （Asymmetric Digital Subscriber Line，非对称数字用户环路）拨号连接，则 SNAT 配置脚本如下：

```
[root@ bogon  ~ ] # iptables － t nat － A POSTROUTING － s 192.168.0.0/24 － o ppp0 －
j MASQUERADE
```

打开内核转发功能。

```
[root@ bogon  ~ ]# echo "1" > /proc/sys/net/ipv4/ip_forward
```

4. 客户端连接测试

客户端使用 192.168.0.0/24 网段的 IP 地址，设置网络的 TCP/IP 连接属性的网关为 192.168.0.1，DNS 为可用的 DNS 服务器地址或 192.168.0.1，保证与 CentOS 5.4 的连通性，启动 IE 浏览器，即可连接上网。如果存在问题，依据步骤逐一检查。

5. 防火墙策略保存

使用 iptables － save 保存防火墙策略，以备下次启动生效。

```
[root@ bogon  ~ ]# iptables － save
# Generated by iptables － save v1.3.5 on Sun Jan 11 09:02:02 2015
 * nat
:PREROUTING ACCEPT [30:7059]
:POSTROUTING ACCEPT [9:1662]
:OUTPUT ACCEPT [9:1662]
 － A POSTROUTING － s 192.168.0.0 － o eth1 － j SNAT －－ to － source 218.28.91.98
COMMIT
# Completed on Sun Jan 11 09:02:02 2015
# Generated by iptables － save v1.3.5 on Sun Jan 11 09:02:02 2015
 * filter
:INPUT ACCEPT [483:41568]
:FORWARD DROP [0:0]
:OUTPUT ACCEPT [329:39530]
COMMIT
# Completed on Sun Jan 11 09:02:02 2015
[root@ bogon  ~ ]#
```

如果同时使用局域网内的 Web 客户机提供对外发布 WWW 服务，则同时需要进行目的

NAT 配置。目的 NAT（Destination NAT，DNAT）就是修改数据包的目的地址。DNAT 刚好与 SNAT 相反，它是改变第一个数据包的目的地地址，如平衡负载、端口转发和透明代理等。

　　这里设局域网 Web 机器的 IP 地址为 192.168.0.2/32，CentOS 5.4 对外提供 Web 发布服务时，外网地址为静态 IP 地址 218.28.91.98。则外网用户中所有访问 218.28.91.198 的 HTTP 访问都应该重定向到 192.168.0.2，这就是改变了目的 IP 地址，因此为 DNAT。

　　这种实例一般的环境如下：

　　1）企业在 ISP 注册了域名 www.domainname.com，并对应于 Linux 网关的外网接口（eth1）地址：218.28.91.98（具体域名与 IP 地址以实际为准）。

　　2）企业的网站服务器位于局域网内，IP 地址为 192.168.0.2。

　　3）Internet 用户可以通过访问 www.domainname.com 来查看企业的网站内容。

　　在上述 SNAT 配置的基础上，再增加满足 3 个条件的 DNAT 脚本即可。

```
[root@ bogon ~ ]# iptables – t nat – A PREROUTING – i eth1  – d 218.28.91.98 – p tcp – – dport 80
– j DNAT – – to – destination 192.168.0.2
[root@ bogon ~ ]# iptables – L – t nat
Chain PREROUTING（policy ACCEPT）
target      prot opt source              destination
DNAT        tcp   – – anywhere           pc0.zz.ha.cn            tcp dpt:http to:192.168.0.2

Chain POSTROUTING（policy ACCEPT）
target      prot opt source              destination
SNAT        all  – –  bogon              anywhere                to:218.28.91.98

Chain OUTPUT（policy ACCEPT）
target      prot opt source              destination
```

━━━━━━　项目小结　━━━━━━

　　Linux 的优势体现在网络领域，利用 Linux 可以组建功能各异的网络服务，所有需要的软件包都可在其发行光盘中找到。

　　进行 Linux 网络服务的配置，首先要求掌握 Linux 相关的网络基础知识，包括 IP 地址、网关、DNS、域名配置文件等，还要掌握 Linux 网络测试的基本命令如 ping 和 nslookup 等。配置网络服务的成功与否需要测试，其前提是保证各主机之间的连通性。

　　Linux 常用的网络服务有 DNS、WWW、DHCP、FTP、Samba、电子邮件和防火墙等，这些服务属于 Linux 下的独立性网络服务，独立性网络服务的配置需要知道每种网络服务的源软件包、配置文件名及其服务进程。

　　根据需要，利用 CentOS 5.4 建立各种网络服务器，更改配置文件后重新启动、测试、排错直到成功。

　　利用 CentOS 5.4 下的 iptables 可以实现灵活多变的防火墙规则，如内网发布、NAT、透明代理、端口禁止等。由于配置的防火墙在大部分情况下位于内、外网之间，在允许包内、外网之间流动时，要求打开端口转发功能。

参 考 文 献

[1] 姚越. Linux 网络管理与配置 [M]. 北京：机械工业出版社，2010.

[2] 陈建辉. Linux 网络配置与应用 [M]. 北京：人民邮电出版社，2012.

[3] 吴艳. Linux 基础及应用 [M]. 北京：清华大学出版社，2011.

[4] 孟庆昌. 操作系统教程——Linux 实例分析 [M]. 西安：西安电子科技大学出版社，2010.

[5] 于红，刘娜. Linux 操作系统 [M]. 北京：机械工业出版社，2008.

[6] Arnold Robbins. Shell 脚本学习指南 [M]. 北京：机械工业出版社，2009.

[7] 胡剑锋，肖守柏. Linux 操作系统 [M]. 北京：清华大学出版社，2008.

[8] 尼春雨，张悦. Linux 操作系统基础与实训教程 [M]. 北京：清华大学出版社，2008.

[9] 余国平. 深入浅出 Linux 工具与编程 [M]. 北京：电子工业出版社，2011.

[10] 梁如军. Linux 应用基础教程——Red Hat Enterprise Linux/CentOS 5 [M]. 北京：机械工业出版社，2011.

[11] 庞丽萍，郑然. 操作系统原理与 Linux 系统实验 [M]. 北京：机械工业出版社，2011.

[12] 刘海燕，荆涛. Linux 系统应用与开发教程 [M]. 北京：机械工业出版社，2010.

[13] 张玲. Linux 操作系统原理与应用 [M]. 西安：西安电子科技大学出版社，2009.

[14] 冯昊，杨海燕. Linux 操作系统教程 [M]. 北京：清华大学出版社，2008.

[15] 方贤进. Linux 服务器配置与管理 [M]. 长沙：国防科技大学出版社，2009.

[16] 潘景昌，刘杰. 操作系统实验教程（Linux 版）[M]. 北京：清华大学出版社，2010.

[17] 周志敏. Linux 操作系统应用技术 [M]. 北京：电子工业出版社，2011.

[18] 孟庆昌，牛欣源. Linux 教程 [M]. 2 版. 北京：电子工业出版社，2010.

[19] 邵国金，郭玉东. Linux 操作系统 [M]. 北京：电子工业出版社，2009.

[20] 杨明华，谭励，于重重. 命令、编辑器、Shell 编程实例大全 [M]. 北京：人民邮电出版社，2009.

[21] 王继水，顾理军. 操作系统原理及应用——Linux 篇 [M]. 北京：清华大学出版社，2008.